一个5岁小朋友对“机器人上战场”的理解

行走的科学故事系列丛书

机器人上战场

陈晓东　梁　飞　赵天骄等　著

科学普及出版社
·北　京·

图书在版编目（CIP）数据

机器人上战场 / 陈晓东，梁飞，赵天骄等著 . —北京：科学普及出版社，2016.1（2019.7 重印）

（行走的科学故事系列丛书）

ISBN 978-7-110-09283-5

Ⅰ. ①机… Ⅱ. ①陈… ②梁… ③赵… Ⅲ. ①军用机器人—普及读物 Ⅳ. ① TP242-49

中国版本图书馆 CIP 数据核字（2015）第 319841 号

策划编辑	许　慧　韩　颖
责任编辑	韩　颖
装帧设计	中文天地
责任校对	刘洪岩
责任印制	李晓霖

出　　版	科学普及出版社
发　　行	中国科学技术出版社有限公司发行部
地　　址	北京市海淀区中关村南大街16号
邮　　编	100081
发行电话	010-62103130
传　　真	010-62179148
网　　址	http://www.cspbooks.com.cn

开　　本	787mm × 1092mm　1/16
字　　数	144千字
印　　张	9.75
版　　次	2016年9月第1版
印　　次	2019年7月第2次印刷
印　　刷	保定市正大印刷有限公司
书　　号	ISBN 978-7-110-09283-5 / TP · 222
定　　价	39.00元

丛书编辑委员会

参与策划单位

中国老科学技术工作者协会

甘肃省科技馆

内蒙古青少年科技中心

浙江温州市青少年科技中心

湖北黄石市科学技术馆

前言 PREFACE

机器人技术由计算机、机械工程、电子工程以及自动控制技术孕育而生，经过几十年的发展，已经对人类的生产和生活产生了深刻影响。目前，机器人技术在工业、军事、娱乐以及航天领域得到了广泛应用，为世界经济和社会进步作出了重要贡献。20世纪第二次工业革命和第三次工业革命使人类进入电气化和信息时代，21世纪即将产生的以机器人技术和人工智能为核心的产业革命必将人类带入无人化作业的智能时代。

漫漫人类历史中，战争的每次爆发都会在历史上留下浓墨重彩的一笔，战争的最后结果也往往影响着地区乃至世界的政治格局和经济格局，因而战争是世界发展的重要组成部分。近些年来，和平与发展成为世界的主流，但是我们也必须认识到世界仍然存在着爆发各种局部乃至大范围武装冲突的可能，与此同时，科技的发展为恐怖分子发动恐怖袭击增加了更多的选择性，国际反恐形势日趋严峻。无论是在武装冲突还是在反恐行动中，都需要出动专业的军队，在科技日新月异的今天，如何应用机器人技术降低在战争和反恐行动中所造成的人员伤亡和经济损失成为目前各国研究的主要目标之一。军用机器人可以在战场上代替或者部分代替血肉之躯的士兵去执行和完成包括侦察、攻击、排爆等高强度高危险性任务以及救援、安保等低强度任务，可有效减少人员伤亡，保障军事任务顺利完成。当前机器人上战场已经成为现实，开发更多更智能的机器人代替人类完成各种军事任务更是未来的发展趋势。

本书围绕机器人上战场这一主题分五章介绍了军用机器人的相关知识。第

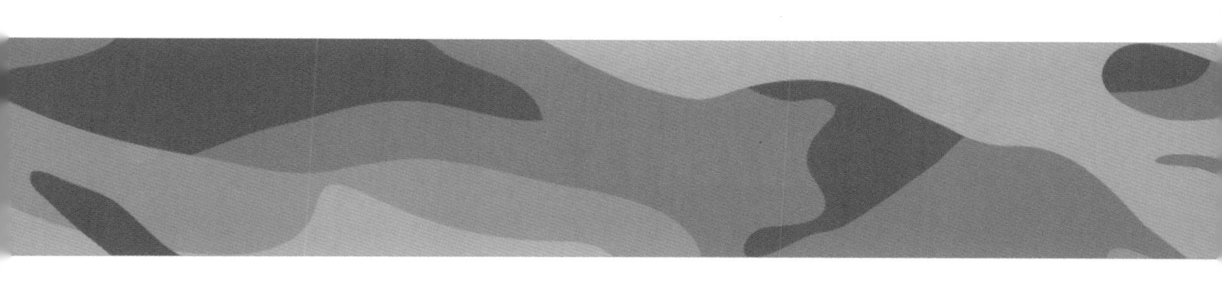

一章，介绍机器人的基础知识及军用机器人的发展以及基本分类；第二章，介绍军用机器人的关键技术；第三章，详细介绍军用机器人的分类发展概况，包括陆空海三军中的侦察机器人、攻击机器人以及排爆机器人、救援机器人、物资运输机器人等一系列战场辅助机器人；第四章，介绍机器人的发展趋势并对未来战场机器人作战进行展望和畅想；第五章，总结介绍编者多年来参与机器人研究的亲身经历以及在研究中的收获和经验。

本书由武警部队装备研究所原总工程师、高级工程师陈晓东组织编写，起草了大纲并参与了第二、第三、第五章的编写工作；第一章主要由王许磊和梁飞编写；第二、第三章主要由梁飞、赵天骄编写；第四章主要由张改萍编写；金小玲参与了第五章的编写和文字修改工作。在本书编写过程中，得到了河北工业大学张明路教授的大力支持和悉心指导，此外河北工业大学张小俊、张建华、孙凌宇等多名老师也在本书的编写工作中给予了很多的帮助和关心，为此特致以衷心的谢意！对本书做出具体工作的人员还有臧雪君、胡平、李璐、王琰等。

由于时间仓促，编者水平有限，再加上军用机器人技术发展迅猛，尽管本书编写人员力求做到精益求精，但是行文仍难免存在疏漏和欠妥之处，敬请广大读者不吝赐教与指正！

陈晓东

2015 年 9 月

目录 CONTENTS

| 第一章 |

机器人战争简史

01 你了解这些机器人吗

你了解机器人吗

“机器人”这个词大家都不陌生，那么你心中的机器人是什么样子的？是下面这些吗？

索尼公司的 Qrio 机器人（左）和本田公司的 Asimo 机器人（右）

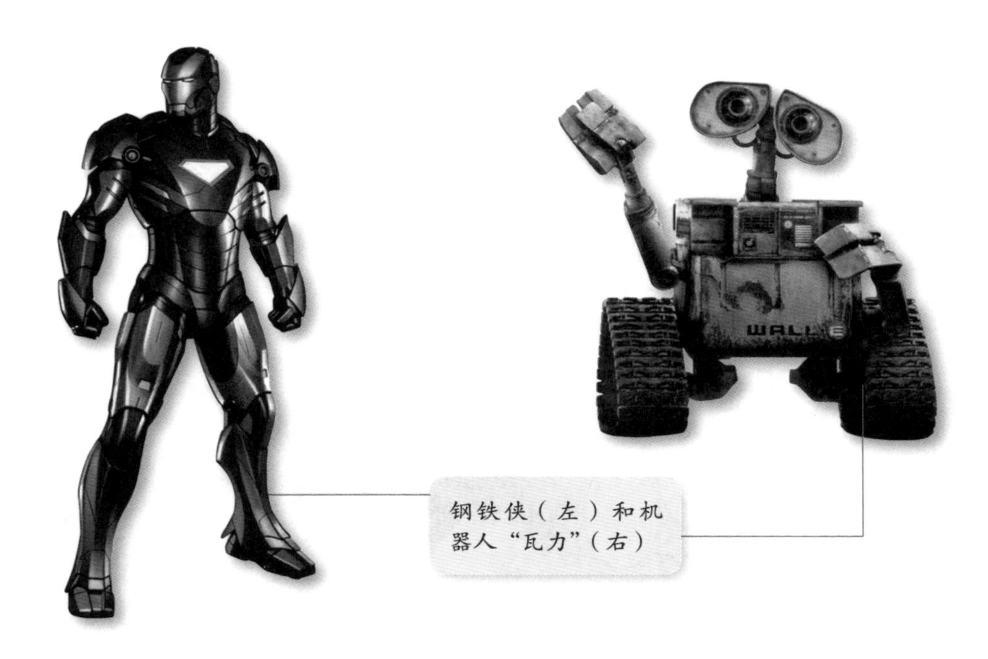

钢铁侠（左）和机器人“瓦力”（右）

大家也许对 Qrio 和 Asimo 不熟悉，它们毕竟是高科技产物，目前距离我们的日常生活过于遥远，但是大家一定对钢铁侠和“瓦力”这些家喻户晓的明星熟悉得很，而它们都有一个共同的名称“机器人”，这下你是不是对机器人有所认知了呢？其实除了钢铁侠和“瓦力”，还有很多机器人早就出现在了我们的视野，比如下面这四位“大明星”。

“汽车人”擎天柱（左）和“萌神”大白（右）

“蓝胖子”哆啦A梦（左）和机器人布里茨（右）

通过这些“明星”，大家是不是又加深了对机器人的认识呢？机器人是“机器”，但是同时具有人类的一些特性。它们有的可以像布里茨一样在人的操纵下进行动作，也有的可以像大白和哆啦A梦一样自主陪伴人类，当然也有一些像擎天柱一样可以进行战斗，也就是我们本书要重点介绍的军用机器人。那么到底什么是机器人呢？机器人一词又出自何处呢？

机器人起源

1920年，捷克作家卡雷尔·恰佩克在戏剧《罗萨姆的万能机器人》中对机器人做了如下描述：“机器人扮相似真人，它们动作敏捷，言语简练，面无表情，双目固定……”。卡雷尔在书中第一次提出了“robot”（机器人）一词，该词从此正式进入人们的视野。罗萨姆工厂的机器人造价便宜，仅仅

150 美元一台，因此生意极为兴隆。虽然人类使用机器人的历史悠久，但是学界在“robot”一词诞生几十年后才对机器人做出了详细准确的定义。“机器人”一词具有一定的模糊性，因此其定义也具有一定的模糊性，这里选取几个具有代表性的定义。

在 1967 年召开的第一届机器人学术会议上，日本学者提出了两种机器人定义。森政弘与合田周提出“机器人是一种具有移动性、个体性、智能性、通用性、半机械半人性、自动性以及奴隶性七个特征的柔性机器。”加藤一郎提出“机器人是具有脑、手和足三个要素，同时具有非接触传感器、接触传感器以及平衡觉和固有觉的传感器的机器个体。”

国际标准化组织定义机器人为：“机器人具备自动控制及可再编程、多功能用途，机器人操作机具有三个或三个以上的可编程轴，在工业自动化应用中，机器人的底座可固定也可移动。”

在卡雷尔的戏剧的结尾，这些由罗萨姆工厂生产的机器人已经开始反抗人类了。为了防止人类被机器人伤害，艾萨克·阿西莫夫在短篇小说集《我，机器人》一书中提出了“机器人三原则”：首先，机器人不应该伤害人类，或由于故障而使人遭受不幸；其次，机器人应该遵守人类的命令，与第一条违背的命令除外；最后，机器人应能保护自己，与第一条相抵触者除外。“机器人三原则”是人类赋予机器人的伦理性纲领，同时也是学术界开发机器人的准则。

机器人技术在近半个世纪得到了飞速发展，集中了机械工程、电子工程、计算机工程、自动控制工程及人工智能等多种学科的尖端技术，是目前发展最为活跃的科技领域之一。随着科学技术的不断进步，已经有多款机器人在航天、军事、勘探、娱乐等领域中表现出了不可替代的作用。目前应用机器人最多的主要是军事领域和工业领域，尤其是在军事领域中。由于机器人本身具有的独一无二的战场优势，使得越来越多的国家投入大量人力物力研发军用机器人，并且生产出了一大批用于陆空海天的军用机器人。可以预见的是，未来的战争必将是机器人大量参与的战争，甚至完全是机器人主导的战争。

02 战场之王——军用机器人

ZHANCHANGZHIWANG

近些年来，随着机械电子、材料科学、仿生科学、高级整合控制论以及计算机科学等与机器人相关的学科技术的快速发展，机器人逐渐从科幻走进现实，在社会生产生活中扮演越来越重要的角色。目前应用最广、发展最为迅速的有工业机器人、用于军事等特殊用途的特种机器人以及家用服务机器人。据公开数据显示，目前全球工业机器人占比超过 80%，军事及医学用途的特种机器人占比 10%，以家庭机器人为代表的服务类机器人不足 5%。

“robot”一词虽然才诞生不到一个世纪，但是有记载的机器人参与战争却可以追溯到我国远古时期涿鹿大战之中黄帝使用的指南车，车上有一伸手的小木人，车子随意行走而车上的小人手一直指向南方。指南车这一伟大发明是世界战争史乃至世界文明史上的重要一笔，是第一台投入战场实战检验的可用于军事目的的机器人。欧洲最早的有关机器人的记载始于公元前 2 世

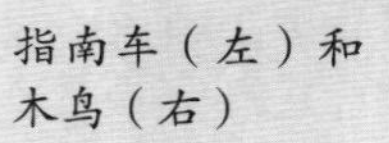

指南车（左）和木鸟（右）

纪的亚历山大时代，当时古希腊人发明的“自动机”以蒸汽压力为动力，可以自己开门，还可以唱歌。在这些古代的记载当中，有一部分是以神话的形式出现，有些以今天的科技水平已经可以制作出来相似的机器人，比如春秋时期的木鸟。据《墨经》记载，春秋后期的著名木匠鲁班曾制作了一只木鸟，能在空中飞行“三日不下”，这只木鸟是有记载的最早的可用于军事目的的“无人机”。

现在已经研发出来与之相近的扑翼飞行器。一部分古代机器人在多部典籍中重复出现，且都对其功能进行了描述，虽然没有详细记载机构原理或者制造细节，但是分析其功能我们也不排除其曾经真实存在的可能性。

史料记载汉代张衡发明了用于测量路程的记里鼓车，这一“机器人”极大地方便了古代军事地图的绘制。记里鼓车上有敲钟和击鼓的小木人，小木人击鼓一次表示车行十里，小木人击鼓十次的时候就会敲钟一次，奇妙无比。记里鼓车利用齿轮传动来记载车子的行驶路程，其功用类似于现代汽车上的计程器。古代的记里鼓车是根据《宋史·舆服志》中的记载，卢道隆在宋仁宗天圣五年重新制作了一辆记里鼓车，同时期的吴德仁在此基础上又做了改进，简化了前人的设计。

除了指南车之外，我国古代战争中另一个参与实战的“机器人明星”就是诸葛亮发明的木牛流马了，这一伟大发明比现今美国提出的战场运输机器人概念早了1800多年，不禁令我们对古人的智慧以及奇思妙想万分佩服。据《三国志·诸葛亮传》记载，“亮性长于巧思，损益连弩，木牛流马，皆出其意。”在《三国志·后主传》中也有类似的记载，“建兴九年，亮复出祁山，以木牛运，粮尽退军；十二年春，亮悉大众由斜谷出，以流马运，据武功五丈原，与司马宣王对于渭南。”从上述记载，我们基本可以确定诸葛亮发明的木牛流马作为一种先进的运输工具的确在历史上曾经出现过。南北朝时期的裴松之曾经给《三国志》作注，注中描绘了木牛流马的大致形象及外形尺寸，遗憾的是他只字没有提到木牛流马的工作原理或制作过程。也正是由于这个原因，使得人们对木牛流马的认识凤毛麟角。

记里鼓车（左）和
木牛流马（右）

进入 20 世纪以后，由于受国内外形势的影响，我国机器人的发展一直止步不前，而国外不仅制造出了先进的工业机器人和其他特种机器人，还制造出了导弹、无人潜水器、无人飞机等在内的大量先进军事用途机器人，我们将在第三章为大家做详细介绍。

目前，机器人已经可以替代人类完成成百上千种重复繁琐的工作，大大提高了社会生产效率。随着机器人智能化程度、灵活性和反应速度的不断提升，人们迫切需要一些机器人代替血肉之躯的士兵在充满危险的战场上执行任务，因此军用机器人应运而生。

21 世纪，高新技术手段在现代战争中扮演着越来越重要的角色。从近十年爆发的战争来看，作战手段趋向复杂化、网络化、精确化和无人化。现代战争中由于对手的多样化和复杂化，军事装备无人化成为了战场的必然要求和发展趋势。随着科技的不断进步，无人作战系统广泛投入使用，各种用于不同战场任务的军用机器人正大量出现在世界各地的战场上。

第一台工业机器人（左）和第一台拥有灵巧手的机器人（右）

军用机器人是一种用于完成以往由人员承担的军事任务的自主式、半自主式和人工遥控的机械装置。它是以完成预定的战术或战略任务为目标，以智能化信息处理技术和通信技术为核心的智能化武器装备。世界各国在研发智能机器人方面投入了巨额经费，而未来要打造机器人部队，耗资更是惊人。那么，为何世界各国还竞相发展军用机器人呢？

军用机器人具有全方位、全天候的作战能力，极强的战场生存能力，较高的作战效费比，对命令和交战原则的绝对遵循等特点，这些独有的战场优势可以使军事机器人胜任人类难以完成的危险任务。作为无人系统平台，军用机器人可以不考虑人类生理极限，在陆地、空中、太空、海上和海底各种环境中执行几乎所有的军事任务。军用机器人既能执行拆弹、爆破等高危任务，也能在极热、极寒、核生化污染等恶劣环境下代替人类执行任务，因此军用机器人的使用将大幅减少战场有生力量的伤亡。在现代战争中，有生力量伤亡已成为衡量战争成败的重要因素。同时军用机器人没有人的心理需求，它们不需要做思想工作，也不必操心它们的被装和伙食，就连战场阵亡补偿也省了，因此军用机器人的使用能够有效减轻国家维持军队的压力。虽然在研发和生产阶段需要投入巨额资金，但一旦研发成功并组建完毕，其后每年的开支只相当于维持现有军队所需资金的10%。因此，用“机器战士”替代人类作战是一种理想选择。

早在20世纪30年代，苏联红军就曾试验“遥控坦克”。第二次世界大战期间，德军先后制造了数千辆遥控战斗车辆用于扫雷和爆破，这种遥控车辆实际上就是机器人装备。20世纪80年代以来，出于对制胜和“零伤亡”的双重追求，以美国为首的西方军事强国开始积极研发各种新型智能机器人以代替或辅助人类执行作战、侦察等任务，并相继出现了地面、空中、水下和空间军用机器人。经过几十年的发展，目前军用机器人已成为多学科、多领域、各种技术有机融合的现代智能武器系统。

2002年，美国国防部同意由戈登·约翰逊牵头展开“无人战争效应：让人类避开战争怪圈”项目的研究，从而使军用机器人的研发与实战运用步入了快车道。截至目前，驻阿富汗美军在打击塔利班的战斗中，就有多种行动灵巧的军用机器人支援。在伊拉克和阿富汗地面战场，共有1.2万个机器人和7000多架无人驾驶飞机在执行任务。这些机器人中，有可以从战场上运送伤员的机器人，有能摸清敌人所在位置并向敌军开火、即使在漆黑的夜晚也能成功完成任务的机器人。美军上万机器人纵横伊拉克、阿富汗战场，从一个侧面也说明了科技在战争中的威力。2013年3月，美国发布新版《机器人技术路线图：从互联网到机器人》，阐述了包括军用机器人在内的机器人发展路线图，决定将巨额军备研究费投向军用机器人研制，使美军无人作战装备的比例增加至武器总数的30%，未来三分之一的地面作战行动将由军用机器人承担。随着科技突飞猛进的发展，在未来战场上，我们也许可以看到成千上万的机器人战士奔赴战场进行机器人大战。

03 校场点兵

大家都知道各国军队一般分为陆军、空军和海军三大军种，与之相似，军用机器人也可分为地面军用机器人（UGV）、空中机器人（UAV）、水下机器人和空间机器人。

地面军用机器人主要包括自主和半自主式的轮式和履带式车辆以及足式机器人等。自主车辆具有自主导航功能，可以在行进过程中主动避让障碍物，完成各种战斗任务；半自主车辆是在人的监视下自主行驶，在遇到困难时操作人员可以进行遥控干预；足式机器人能够在山地等复杂地形下运行，可以适应山地作战等复杂战场环境。

地面军用机器人是军用机器人发展时间最长的、也是目前在战场上应用最广泛的机器人。地面军用机器人的实战应用可以追溯到三国时期，由蜀汉丞相诸葛亮所发明的运输工具“木牛流马”在其北伐时所用，为蜀国大军

以色列自主安保车辆 Guardium（左）和特种武器观测侦察探测系统 Swords（右）

运输粮食等后勤物资。在现代战争中，大量的地面军用机器人被投入实战使用。从理论上讲，军用机器人可以代替陆军完成全部作战任务，但是受到技术水平等条件的限制，现有投入使用的地面军用机器人主要承担以下任务：排队爆炸物、扫雷、清障、侦察以及警戒等。地面军用机器人是未来陆军的重要组成力量，对提高军队作战能力具有重要意义。

无人机是军用机器人中的空中机器人，也是近些年来发展最为迅速的军用机器人系列。无人机可一次使用或多次使用，可以携带多种作战载荷，能够自主飞行或由人员遥控驾驶。空中机器人是一个复杂的系统，包括地面控制站、数据传输 / 通信系统、作战载荷和飞行器四部分。

无人机的发展历程可以追溯到 1914 年，当时正值第一次世界大战，英国的卡德尔和皮切尔两位将军提出研制一种不用人驾驶而用无线电操纵的小型飞机，这一建议被英国军事航空学会理事长戴·亨德森爵士采纳并指定 A.M. 洛教授组织人员进行研制。1927 年，由 A.M. 洛教授参与研制的“喉”式单翼无人机在英国海军“堡垒”号军舰上成功地进行了试飞。该机载有 113kg 炸弹，以 322km/h 的速度飞行了 480km。“喉”式无人机的问世在当时引起了极大的轰动。第二次世界大战结束后，随着科学技术的发展，无人机的发展进入喷发时期。到目前为止，世界各国研制生产的无人机达到数百种。随着飞行器结构设计技术、机体材料技术、飞行控制技术、通信遥控技术和无线图像传输技术的不断发展以及对军用无人机战术研究的深入，军事无人机的应用将愈加广泛。

军事无人机具有无人员伤亡、使用限制少、隐蔽性好、效费比高等特点，在近期的历次现代局部战争中地位和作用日渐突出，被誉为“空中多面手”“空中骄子”。在海湾战争中，多国部队的无人机成功地完成了战场侦察、火炮校射、通信中继和电子对抗任务。无人机在大约 1000km 的前沿阵地上昼夜侦察，提供了大量有效的战场情报，并首次提供了实时图像，引导地面部队摧毁了伊军 120 多门火炮、7 个弹药库、一个炮兵旅和一个机步连；还作为空袭诱饵，以组合式干扰和反辐射导弹干扰攻击伊军的指挥和防空系统。

美国RQ-4A全球鹰无人机（上）和以色列研制的哈比无人机（下）

水下机器人又可以称为水下无人潜水器，主要分为有缆遥控潜水器和无缆遥控潜水器两种，其中有缆遥控潜水器又分为自航式、拖航式和海底爬行式。水下机器人主要由水面设备和水下设备两大部分组成。潜水器本体上装有动力系统、观测系统和作业系统。操作人员通过人机交互系统利用电缆或者无线电在母舰上对潜水器进行控制和监视。

水下机器人的发展历史始于1934年，美国研制出下潜934m的载人潜水器，之后在1953年又研制出了无人有缆遥控潜水器。此后水下机器人的发展大致可以分为三个阶段。

第一阶段为1953—1974年，主要进行潜水器的研制和早期开发工作。在这一阶段世界各国先后研制出20余艘无人遥控潜水器，并先后将无人潜水器投入使用。其中美国应用CURV系统在西班牙海成功回收一枚氢弹，引起世界各国重视。

第二阶段为1975—1985年，是无人遥控潜水器大发展时期，数量和种类都显著增长。这一阶段，由于海洋石油和天然气开发的需要，无人潜水器的理论研究和应用得到了快速推动。到1981年，已发展出400余艘无人遥控潜水器。水下机器人在海洋调查、海洋石油开发和救捞等领域发挥了重要作用。

第三阶段为1985年至今，无人有缆潜水器在这一阶段得到了长足发展。80年代以来，我国也开展了水下机器人的研究和开发，研制出了“海人”1号水下机器人并成功进行了水下实验。1980年法国国家海洋开发中心建造了“逆戟鲸”号无人无缆潜水器并先后进行了130多次深潜作业，完成了太平洋海底锰结核调查、海底峡谷调查、太平洋和地中海海底电缆事故调查、洋中脊调查等重大任务。20世纪末，随着计算机技术、无线通信技术的快速发展，无人无缆潜水器研制成功，定名为“UUV”号。

水下机器人可以在高危险环境、被污染环境以及零可见度水域代替人类长时间在水中或者水下作业。2011年，伍兹霍尔海洋研究所提供的水下机器人在4000km^{2}的海域中仅仅花费几天时间便找到了法航航班的残骸，而此前各种船只飞机寻找两年无果。水下机器人具有的种种特点，使其在海上军事行动中扮演了重要的角色。最先投入战场使用的是遥控扫雷机器人，先后有美国ECA公司研制的PAP-104、德国STN Atlas电子公司研制的“企鹅”B3以及瑞典博福斯公司研制的“双鹰”等遥控扫雷机器人装备了30多个国家的海军部队。

作为一种水下高精度武器，水下机器人能够自由行动，不依靠母舰供能，可以按预定程序完全自主执行任务，也可以由母舰通过声呐或光纤指挥其行动，而其巨大的耐受性、体积小、物理场强小、可重组等特殊优点使它们成为21世纪最有前途的海战武器。它们在海上军事对峙中可以执行很多

PAP-104 扫雷机器人（左）和“双鹰”扫雷机器人（右）

种任务，如海岸侦察、排雷、反潜等，使在海战中以最少的人员伤亡快速夺取军事优势成为可能。

就反水雷行动而言，它们不同于其他的扫雷设备，能够更接近水雷。它们还能够在浅滩、港口等海岸线附近和常规扫雷设备无法工作的地方展开有效的搜索和清除水雷行动。如在公海中遇到水雷的危险区域，水下机器人还可以进行自动防雷保护。

而在反潜作战领域，水下战斗机器人也有不俗的表现。根据西方军事专家的观点，水下机器人完全可以用于反潜任务，可以在战争前线、沿岸海域、狭窄水道和海峡等地搜索并跟踪潜艇；搜索潜艇的能力要强于水面船舶和潜艇；还可以使用移动水下机器人在反潜战中为敌人潜艇设陷阱（声呐对抗，误导方向）；在潜艇基地、避风港和航道上破坏敌方陷阱；安装进攻或防御性的反潜水雷等。

空间机器人是在空间环境中活动的，空间环境具有微重力、高真空、超低温、强辐射和照明差等恶劣特点，因此空间机器人为了满足工作需要必须要满足以下要求：首先，空间机器人要具有较小的体积、较轻的重量以及较强的抗干扰能力；其次，空间机器人要有较高的智能化程度、比较齐全的功能、较长的工作寿命和高可靠性。

此外，空间机器人在一个不断变化的三维环境中运动并自主导航。空间机器人几乎不能够在空间停留，所以必须能实时确定它在空间的位置及状态；要能对它的垂直运动进行控制；要为它的星际飞行进行预测及规划路径。

由于一直以来人们都对将战场引入太空存有争议，所以现有的空间军用机器人多为星际探索和空间服务机器人。从严格意义来讲，洲际弹道导弹和军事侦察卫星是目前真正投入使用的军用空间机器人。

目前，美、英等发达国家已经装备了大量的军用机器人用于执行侦察和监视任务，甚至代替士兵进行突进、排雷除爆等危险任务以及战场巡逻警戒等。英国谢菲尔德大学计算机系教授夏基认为，机器人的作战成本仅是士兵的 1/10，它替人类断杀疆场的场景将有可能在 10 年内变成现实。军用机器人按照执行任务种类不同，可以分为侦察机器人、攻击机器人、排爆机器人以及战场辅助机器人等，本书将在下文对各类机器人进行详细介绍。

| 第二章 |

军用机器人的关键技术

04 军用机器人靠什么提供动力

现有为陆用和水下机器人提供动力的方式有蓄电池－电机动力方式、柴汽油机动力方式以及蓄电池－柴汽油机混合动力方式。蓄电池－电机动力方式使用方便、噪声小，但续航时间短，适合近距离、短时间工作。目前常用的是锂离子电池，这种电池工作电压高，与镍氢电池相比能量高、体积小、重量轻、寿命长、无污染。柴汽油机动力方式提供的动力强劲，续航时间长；但是噪声大、工作不稳定、不容易控制，同时还需要额外的供电系统对电气系统供电。混合动力方式兼顾了两者的优点，是未来机器人动力技术的发展趋势。

05 地面战场上使用的机器人有哪几种移动方式

目前地面战场上使用的军用机器人主要有轮式、履带式、足式三种行走方式。

这三种行走方式各有特点：轮式机器人速度快、机械效率高、噪声低，随着轮胎技术的发展，轮式机器人的越野性能相比以前有了巨大的提升；履带式机器人越野能力强，可以爬过壕沟和楼梯等障碍，转向半径小，但是结构复杂、机械效率低；这两种机器人在较为平坦的地面上都能较好地发挥出其运动性能。相比而言，足式机器人虽然结构复杂、效率较低，但是通过其离散化的支撑方式可以适应轮式和履带式机器人无法适应的山丘、沼泽等非结构化的环境。此外还有轮履复合式、轮腿复合式等多种复合行走方式，虽

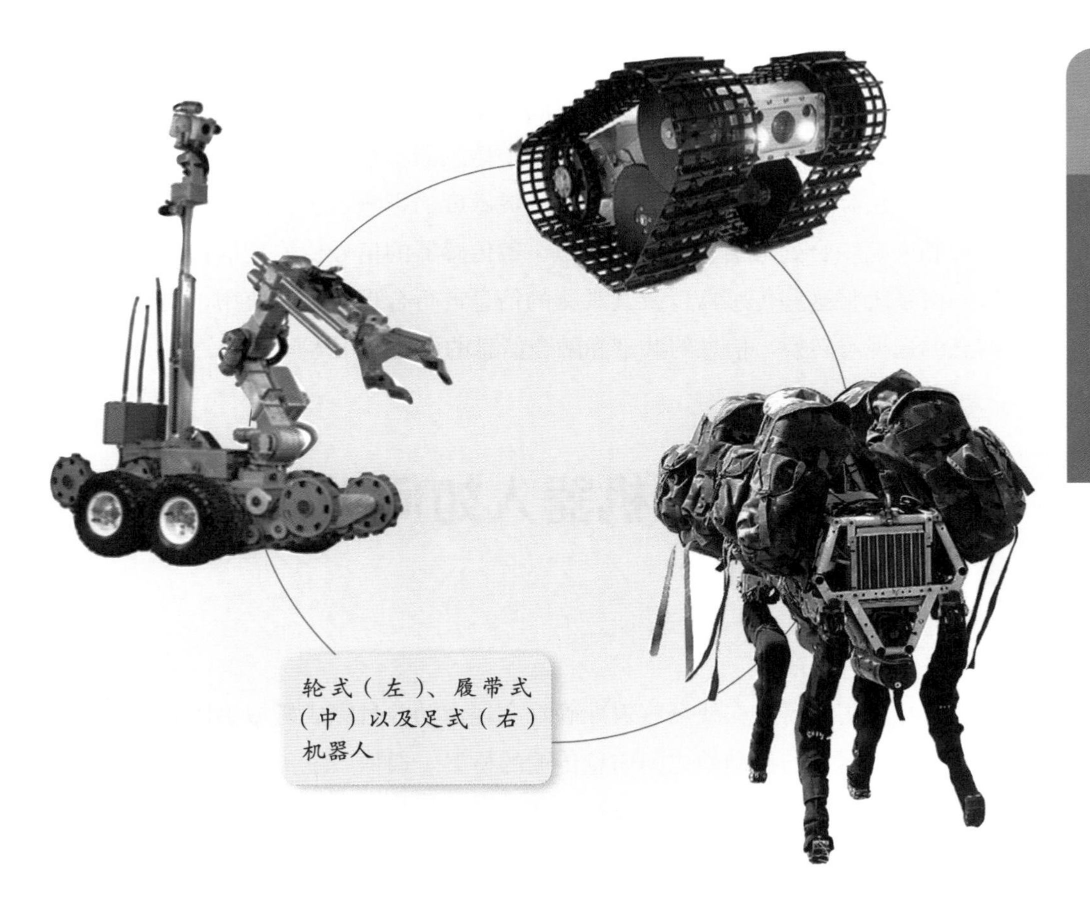

轮式（左）、履带式（中）以及足式（右）机器人

然结构复杂，但是兼具了各种行走方式的优点，是未来机器人行走方式的发展方向。

06 机器人的“大脑”是什么

机器人作为集多种功能于一体的复杂系统，必然需要有一个极为强悍的“大脑”来处理系统中的各种信息。信息处理技术包括环境信息感知和多传感器信息集成和数据融合。环境信息感知是指机器人通过各种传感器从周围环境中识别目标对象或了解周围空间物体的组成、现状等进而感知外界环境。多传感器信息融合技术是通过对多个传感器参数的监测，采用一定的信息处理方法降低或者消除各参量间交叉灵敏度的影响。多传感器信息融合的原理和人脑综合处理信息的原理类似，各传感器的信号传输到信息处理系统后，由系统将这些传感器以及其观测的信息进行合理支配和使用，主要解决信息的选择与转换、信息的共享和融合信息的再次利用等问题。

07 指挥员和机器人如何进行交流

若想军用机器人在战场有效准确地实现运动并且完成机械手作业，必然需要建立机器人与控制站之间信息传输的桥梁。通信系统负责完成前方与后方之间的双向信息交流，包括数据通信、视频信号通信和音频信号通信。在实际执行任务中，根据具体的作业环境和任务选择合适的通信方式和传输媒介。通常军用机器人的通信方式分为三类：串行通信、总线通信和无线通信。串行通信技术通信线路简单，通信成本较低，适用于通信距离远但传输速度慢的场合。总线技术中目前应用最多的是 CAN 总线技术。CAN 总线通信技术具有高位速率和高抗电磁干扰性，拥有可靠的错误处理和检错机制，节点在错误严重的情况下具有自动退出总线的功能。无线通信技术也是目前军用机器人中应用较为广泛的通信技术，主要有红外通信技术、RF 通信技术、WLAN 通信技术以及蓝牙通信技术。

08 机器人通过什么方式感知外部世界

机器人身上装配着各种各样的传感器用于感知自身状态以及外部环境参数，通过自身或者操作人员根据传感器传回的信号对机器人自行操作。监测机器人自身状态的传感器主要包括限位检测传感器、线/角位移测量传感器、速度/加速度测量传感器以及倾角测量传感器和陀螺仪等。机器人通过这些传感器随时监测自身状态并做出相应的调整。机器人外部传感器通常用于机器人的规划决策层和伺服控制层，主要用于机器人的路径规划、目标识别、安全避障等，包括触觉传感器、力觉传感器、距离传感器以及视觉传感器等。

机器人是如何认知地图的

机器人要实现自主移动必须具备导航功能，即通过传感器感知外部环境参数和自身状态从而实现自主避障运动。军用机器人的导航方式有惯性导航、视觉导航、基于传感器数据的导航以及卫星导航等。

惯性导航系统根据加速度计和陀螺仪的输出计算机器人的位置、速度和方位，是最基本的导航方式。视觉导航是目前机器人导航技术研究的重点，即利用计算机视觉技术实现对环境的感知和理解，分析出环境的结构，识别并定位可以通行的路径，进而根据任务要求实时地做出路径规划，监控并驱动执行机构执行此规划。

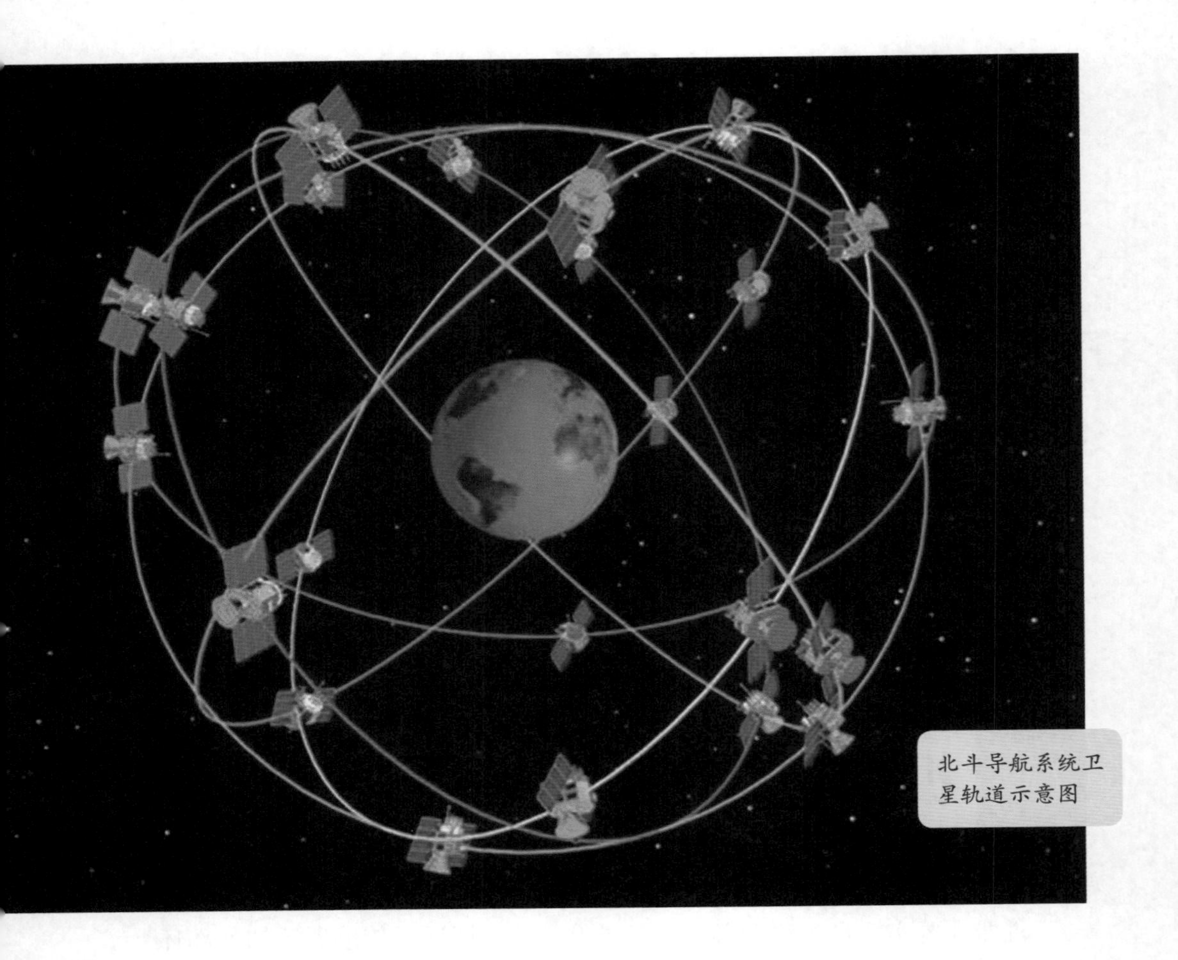

北斗导航系统卫星轨道示意图

卫星导航系统是我们生活中最为常见的，车载导航系统和电子地图都是基于卫星导航技术。目前我国应用最多的是全球卫星定位系统（GPS）以及正在建设中的北斗卫星导航系统（BDS），其中 GPS 系统包括 24 颗卫星，BDS 包括 35 颗卫星。以 GPS 为例，系统不断向地面发送导航电文，在地面上任何位置、任何时刻都可以至少同步接受到 4 颗以上的卫星信号，通过接收到的电文就可以解算出当前接收者的三维位置，从而实现全球、全天候的实时导航。

10 机器人在战场上迷路了怎么办

为了实现有效的自主导航，根据任务进行准确的行为决策和路径选择，移动机器人必须能够根据自身的感知系统确定自身位置，只有快速、准确地确定位置才能使机器人在战场上移动时不至于“迷路”。目前应用于军用机器人的定位系统分为相对定位系统和绝对定位系统两类。相对定位系统是通过罗盘、里程计、惯性导航系统等内部传感器测量出机器人相对于初始位置的距离和方向，来确定机器人当前位置；绝对定位系统是采用磁罗盘、主动信标、GPS 以及地图匹配等方式测量出机器人与环境的相对位置，经过计算获得机器人的绝对定位信息。

11 如何操纵这些机械战士

军用机器人工作于充满危险的战场环境中，而且还要求机器人能够全天候作业，这就要求机器人可以自主控制或者由操作人员进行遥控。根据操控过程有无人员参与，军用机器人控制方式可以分为人工控制、监督控制和自主控制。人工控制是指操作员向机器人直接发送基本动作指令完成远程任务，而机器人反馈信息作为操作者下一步控制的依据。监督控制最早提出来是用于 1967 年的美国月球车计划，监督控制是由一个或者多个操作者间断编程并且连续不断地从计算机接收信息，计算机利用传感器和驱动器控制进程和任务环境。自主控制是先进的集环境感知、动态决策与规划、行为控制等技术于一体的智能控制系统，目前具有高度智能的全自主控制技术尚不成熟，一些军用机器人只能实现在特定环境和任务下的局部自主控制。

女 性

| 第三章 |

军用机器人
——为战斗而生

12 小心，幽灵出没

侦察兵无论在古代战争还是现代战争中都是各兵种中的重要角色，他们的主要任务是深入敌后，获取重要的军事情报，包括对敌重要军事目标的侦察、为己方火力进行目标指示及定位、对敌方部队番号和人员火力配置进行侦察等。侦察兵是部队指挥官的耳目，其执行任务时往往极度隐蔽，因此被称为战场上的“幽灵”。通过侦察所获得的情报往往对部队作战的结果有重要影响，其特殊的任务性质决定了其所处的环境往往是离敌方最近也是最危险的。

在科技快速发展的今天，随着机器人技术的日渐成熟，各国部队都开始研制并装备一系列具有侦察功能的机器人来代替士兵执行侦察任务。侦察机器人是指可以在空中、水下、墙壁和管道等特殊环境下执行侦察任务的特种机器人，一般具有遥控操作、可独立行走、搭载各种传感器并具有采集、传输、处理各种信息的功能。

侦察机器人是军用机器人中最重要的“兵种”之一，近年来得到长足发展，在各个领域的应用越来越广泛。2001 年，纽约 9.11 恐怖袭击发生之后，侦察机器人第一时间被部署到纽约世贸中心协助救援工作，在受损的建筑物以及危险的、不适合人工作业的区域搜寻出了许多幸存者。从 2002 年美军在阿富汗部署侦察机器人开始，到目前美军已经有 1.5 万台机器人和超过 8000 架无人机在阿富汗、伊拉克等战场执行任务，并且数量还在继续增加。2011 年，在地震和海啸引发的福岛核电站事故中，机器人深入废弃的核反应堆进行探测工作。2014 年巴西世界杯，巴西政府采购了 30 台侦察机器人用于安保工作。目前，已有数万台机器人在全球各地服役，在爆炸物探测、危险物质侦测及放射性和核侦察等方面表现出色。

目前正在研制和已投入使用的侦察机器人主要有地面侦察机器人、爬壁侦察机器人、空中侦察机器人、水下侦察机器人等。

地面侦察机器人

地面侦察机器人是军用机器人中发展最早、应用最广、技术最成熟的一类机器人，它们往往被要求工作在诸如丘陵、山地、丛林等非开阔地形的野外环境中，所以必须具有比较强的地形适应能力及通过能力。现有地面机器人最常用的三种行走机构是轮式结构、履带式结构、腿式结构。

轮式侦察机器人

轮式无人侦察车速度快、底盘轻、故障率低，在城市及平坦开阔地带具有优势。地面侦察车辆可直接向射击平台提供高精度的目标信息，提高打击目标的实时性和准确性；采用信息融合技术，可同时融合多种

徘徊者（Prowler）无人车

侦察平台的探测信息，大大提高对战场态势的了解、捕获目标的范围及准确程度。

Prowler 无人车是美国机器人防务系统公司设计的美国陆军首辆自主式智能无人车。该车是一种（6×6）轮式全地形车辆，重 1816kg，采用柴油机作为动力，能在最高速度 27km/h 的情况下载重 907kg、行程 250km。

该车既可用自主方式也能用遥控方式工作，并且操作手和车辆之间由 1 个实时声音和图像通信线路进行联系。在遥控方式时，遥控台操作手通过车载 3 台摄像机和其他传感器进行观察和控制。3 台摄像机均可加装夜视装置，遥控距离最远达 30km。车载 1 台 Motorola 公司生产的 68000 型计算机，该计算机能控制许多个传感器的工作，根据事先编好的程序，可使车辆在无人监视的条件下依靠车载传感器并利用如围墙道路标志等参考点，沿着预定的周界进行自主式巡逻。

车载导航装置有激光测距仪、定向陀螺和物距测量装置。多轴式车姿传感器可以测量地形坡度。红外扫描仪、多普勒雷达以及借助于电磁式运动物体探测器，可以主动地发现目标。该车在静止时通过车载地震监视器可以探测远处敌方运动中的坦克。根据执行任务要求，该车可以配备致死性和非致死性的特定武器装备。

Prowler 50 系列车于 1985 年 8 月进行了首次战场试验，结果表明该车具有较先进的遥控性能，但自主边界巡逻能力较差。Prowler 60 系列增加了更先进的传感器和计算机装置，并专门研制了反应软件，从而具有沿着给定路线进行自主式巡逻的能力。通过往车载计算机内装入巡逻周界地图，该车能利用车载传感器和已知导航参考点进行自动导航。Prowler 70 系列主要用于对付敌人各种装甲车辆，无须在野战条件下进行研究和试验。它主要配置在敌占区附近，车载传感器均处于工作状态。当敌人坦克和装甲车辆出现时，武器控制计算机将自动跟踪目标，并使车载武器射击。

以色列守护者无人陆上车辆（UGV）是一种军、民两用全自动安全系统，在控制中心的控制下，可对机场、港口、军事基地、重要管线、边境线以及其他需要监视的设施执行巡逻任务。

守护者无人陆上侦察车

“守护者”采用4×4轻型全地形车作为底盘，具有良好的越野性能，最大行驶速度可达50km/h，可以连续工作24h。“守护者”车高2.2m，车宽1.8m，车长2.95m，重1400kg，可以搭载300kg的有效载荷，包括摄像机、夜视仪、各种传感器、通信设备以及轻型武器系统等模块化装备。“守护者”能够实时自主发现和侦察危险及障碍物，便于及时作出反应。“守护者”系列智能无人战车的原型车在2004年获得了美军无人车辆极限挑战赛第二名。次年，以色列国防部为降低在与巴勒斯坦冲突中人员伤亡数量和被俘几率，准备为陆军装备智能战车，而“守护者”系列智能无人战车毫无悬念赢得了以军合同，并于2007年进入其武装部队服役。

“守护者”系列智能无人战车其工作原理与民用的遥控模型类似，都是采用自带动力和传动系统解决车辆移动问题。通过操控人员发射动作信号，对车辆进行远距离控制。作为军用武器使用，“守护者”系列无人战车具有高度控制能力和对道路路况的判断、周边战场态势的掌控、车辆姿态的适时调整、观测境界目标并进行打击的能力等。

“守护者”系列自 2007 年装备以军，在条件允许情况下积极参加以军各种武装行动，如对加沙边境地带进行封锁、配合巡逻队防守哨所、攻击自杀袭击者。在对哈马斯等武装派别进行的定点清除行动中，为攻击部队提供了大量翔实可靠的情报，甚至有部分守护者智能战车加装了更加先进的观瞄系统，成为移动电子情报侦察车，为监听哈马斯等武装人员之间通联信息起到了重要作用。

Chrysor 两栖无人巡逻车是一辆全地形车，它有一个船形的底盘，中间装有一台发动机，驾驶座椅在前部。该车长 2.92m，宽 1.64m，高 1.92m（巡视探头顶高），净重 950kg，地面最大载重为 680kg，水上最大载重为 300kg。

Chrysor 的底部车身采用高密度聚乙烯材料，抽真空整体制成船形，耐酸碱，耐腐蚀，适用于 –40℃ ~ +50℃。发动机功率 31 马力（22.79kW），采用链条将动力从变速箱传递到八个车轮。通过静液传动泵和马达控制变速

国产 Chrysor 两栖无人巡逻车

箱，能实现差速转向和原地转向。Chrysor 公路最大行驶速度达 45km/h，水中达 4km/h，最大爬坡度大于 37°，最大抗侧翻角大于 40°，可越过 0.4m 高的垂直障碍、1m 宽的壕沟。油箱容积可达 48L，在一般路面上可以持续行进工作 12h。

Chrysor 的车身中部有一台高性能的车载人工智能电脑，负责处理全部数据，最终设计行车路线并调整车速，发出控制执行指令，其运算处理速度相当于几台高性能的商用电脑。它可使用 WLAN 无线局域网技术，或者基于 GSM、GPRS、CDMA 等公用移动通信网的无线通信技术。操作人员通过笔记本可以在地图上指定行进路线，下达指令后，Chrysor 就开始“自由”行动。GPS 和惯导装置安装在车身中部，用来确定车的行进状态和位置，保证车辆按照预定路线行驶，防止偏离行驶路线。车体头部扁平的喇叭口内是激光雷达，专门视察前方路况。一旦发现路面障碍物，无人车就会自动绕开。它虽然对高坡、台阶如履平地，但其实并非“莽汉”，根本不会撞到人，人们不需要躲避它。车身周围按照一定角度还安装了 10 部摄像头，能将周围状况尽收眼底。图像数据传回笔记本后，能自动拼接为一幅连贯的全景图像并显示在屏幕上。

Chrysor 后部的货舱可以安装各种任务载荷，比如目前车上安装的就是一套光电侦察系统。它有一个升降支撑臂（最高可升到 2.5m），顶部安装了高清晰摄像机、热像仪，可 360° 旋转，实时提供周围环境的高清晰图像。它还能安装烟雾探测仪、声响探测仪、震动探测仪、运动物体探测仪等多种侦察仪器。更换任务模块后，Chrysor 还可以作为营救车、核生化侦察车、自主运输车、通信中继车或攻击武器等使用。

小型轮式侦察机器人的优点是便于携带、结构简单、速度快，一般应用于城市反恐作战中，具备抗跌落能力，可以直接投抛至作业区域。

Recon Scout 机器人外壳采用航空铝合金及钛金属制造而成，外壳轻而坚固，机器人仅重 1.2 磅，加上控制单元也不过 3.2 磅。该机器人能通过遥控走动及回传实时图像，可遥控视察观看任何角度；体积小巧，可随意抛进屋内、窗户内或墙壁后面；适用于各种危险环境和各种反恐活

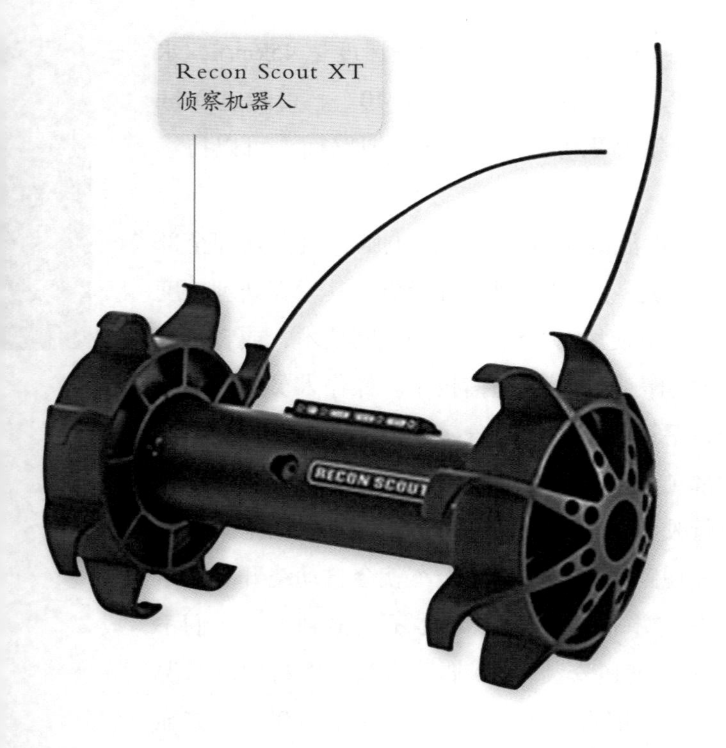

Recon Scout XT
侦察机器人

动，具备室内外危险环境行动前侦查、出动搜索重要罪犯、进行排爆活动事前侦察、人质拯救侦察等功能。

Recon Scout 系列机器人目前发展出 4 种型号：Recon Scout Throwbot，最适宜执行室内侦察任务；Recon Scout IR，红外型，可在完全黑暗环境中执行侦察任务；Recon Scout UVI，专门负责搜查汽车底盘；Recon Scout XT，室内室外全天候执勤。

SandFlea（沙蚤）侦察机器人由美国谷歌公司旗下的波士顿动力公司开发。这款机器人重约 5kg，尺寸为 33cm × 46cm × 15cm，可以跳起 9.1m 高左右，从而得以进入室内或士兵不能到达的地方侦察情报。

知识链接

研制 Recon Scout 机器人的 ReconRobotics 侦察机器人技术公司于 2006 年在美国国防高级研究计划局（美国国防部高级项目研究署）和美国国家科学基金会的支持下成立，致力于世界领先的战术微型机器人和个人传感系统研制，目前有超过 33 个国家的分销网络，超过 4300 个产品在世界范围得到使用，主要用户是美国的空军、陆军、海军和海军陆战队。

SandFlea（沙蚤）侦察机器人

类似阿富汗一样的战场往往地形复杂，面对许多山坡或障碍物，实在不值得美国大兵们赌上命去翻越，这时选择机器人勘察就是一个非常好的作法。沙蚤机器人作为一款遥控侦察机器人就是为此而生，借助 CO_2 为其活塞提供能量，单次充能的沙蚤足以弹跳 25 次。这款机器所配备的激光测距仪会帮助它测量起跳点与目标之间的距离，并帮助它计算出合适的路线。跳跃至空中时，它能依靠陀螺仪保持平衡，从而为摄像头提供稳定的视角，而特制的轮胎可以起到很好的缓冲作用。

目前在阿富汗的美陆军快速装备部队正准备测试由波士顿动力公司提供的九只沙蚤机器人。一旦这群小家伙通过测试成功服役，藏在山洞里的塔利班们估计就有苦头吃了。伴随着这只机器人跳高世界冠军的，必然是铺天盖地而且精准无比的炮火。

2015 年 6 月，国产多用途无人地面平台在装甲兵工程学院首次亮相。这款无人平台外观看似一辆微型平板车：六轮底盘之上搭载一座长方体“集装箱”，不同的是，轮胎的表面凹凸不平，更像一个个橡胶齿轮。这一独特设计使得它具备上下楼梯、翻越障碍物等特殊“技能”。

该平台能够在人员无法到达的狭小空间或有毒、有爆炸物等危险环境中出色完成作战任务，具有传感器融合和远程通信功能。

解放军部队新型六轮机器人

● 履带式小型侦察机器人

履带式结构是所有坦克采用的结构，其接触面积大、附着力强，所以在通过能力上具有得天独厚的优势，能够越过诸如瓦砾堆、楼梯、大石块等障碍物。

由美国著名军用及特种机器人公司 iRobot 开发的“Packbot”最大时速可达 14km，每次充电后行驶距离超过 13km，同时涉水深度可达 3m。该型机器人十分机警，能捕捉到躲在暗处的杀手们的一举一动。它的底盘装有全球定位系统、电子指南针和温度探测仪，设计成方形的“头部”可以伸出，并能识别“黑枪”的摄像机。它还能通过声波定位仪、激光扫描仪、微波雷达等多种装置准确捕捉敌方狙击手的方位，并向随行的士兵“通风报信”。机器人十分结实，即使从 1.8m 的高度摔在硬质混凝土上，也会毫发无伤。

Packbot 的可变形履带结构及模块化的设计都成为了移动机器人设计中的经典，很多国内外研究单位和公司都参照 Packbot 的样式开发了许多类似平台。对应不同的应用环境，Packbot 机器人所独有的 360° 支臂结构是其具有较强越野能力的基础。在面对较高障碍时，前支臂可以充当一个杠杆的角色，将机器人整体长度延长，并且可以将机器人撑起，以越过障碍。

由于军用机器人的使用数量有限，iRobot 逐渐萌发设计家庭用机器人的构想，并于 1995 年加入台湾宏碁集团的资金，将之付诸实行。灰尘是人类健康的大敌，不但带着许多细菌病毒和虫卵到处飞扬，传播疾病，同时过多的灰尘也会造成环境污染，影响人们的正常生活和工作，诱发人类呼吸道疾病。而 iRobot 研发出的扫地机器人 Roomba 不但可以有效清除灰尘，也使人

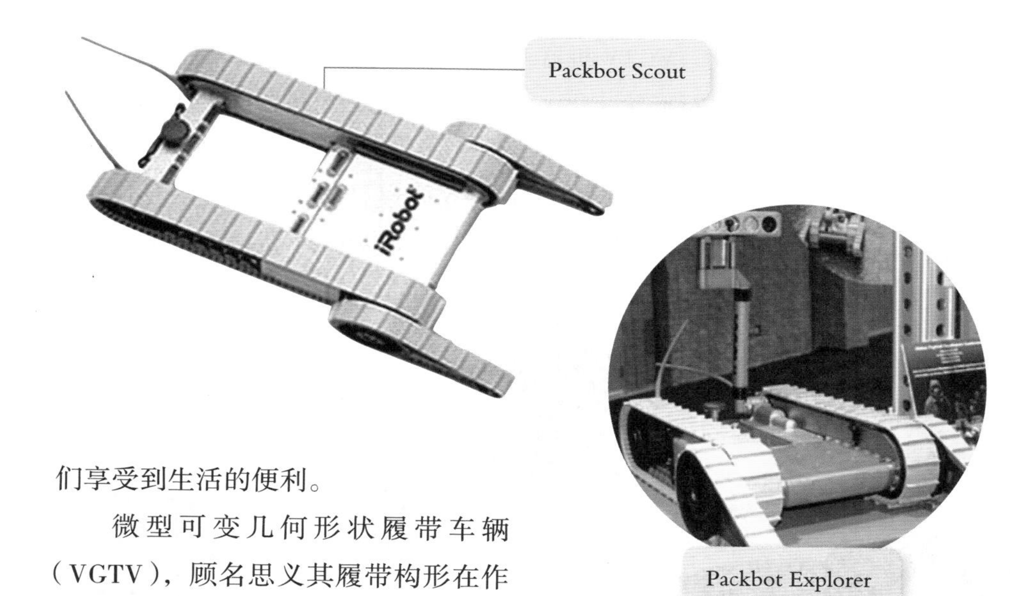

Packbot Scout

Packbot Explorer

们享受到生活的便利。

微型可变几何形状履带车辆（VGTV），顾名思义其履带构形在作

知识链接

美国 iRobot 公司于 1990 年由美国麻省理工学院教授罗德尼·布鲁克斯、科林·安格尔和海伦·格雷纳创立，为全球知名 MIT 计算器科学与人工智能实验室技术转移及投资成立的机器人产品与技术专业研发公司。

iRobot 专注于实用机器人的研究，创造了 Packbot 等机器人，协助人们有效率地完成任务，其技术及产品获得了许多项专利。其中，由 iRobot 设计制造的各型军用机器人轻巧实用，可以扫雷，也可以侦测敌军，再以卫星导航传回美军战地指挥所。在人员攻击前，先用飞弹空袭，命中率奇高，所以从波湾沙漠战争（Desert Storm）到伊拉克战争（Iraq War），美军运用了大量的 iRobot 机器人，由数以千计的 iRobot 机器人执行原本的危险任务以很少的人员伤亡得到很大的军事胜利。

业过程中可以发生变化。VGTV 机器人具有良好的可操作性，当机器人在作业或行走时，可同步进行形状变化，此特性大大增强了机器人的环境适应能力，尤其是其越障性能。

VGTV 侦察机器人由加拿大 Inuktun 公司研制，有 Delta Micro 及其升级版 Delta Extreme 两种类型，重约 6.2kg，最大移动速度 27m/min，最大潜水深

Delta Micro 可变履带车

Delta Extreme 可变履带车

度 30m，在不间断操作情况下可持续工作 2h 以上。

VGTV 机器人通过长约 30m 的缆线进行操控，装备有彩色视频和两路音频传感器，单人就可以通过控制盒人机交互界面控制操纵杆完成转向、变速、变形、改变摄像头倾角、摄像头聚焦等一系列操作。由于 VGTV 出色的综合性能，它在搜索、救援、管道检查、军事侦察、复杂地形探测等众多领域发挥了巨大作用。

● 足式侦察机器人

足式结构是一种具有仿生学特征的驱动方式，地形适应能力较强。很多科研机构都投入了很大的精力进行研究，小型足式侦察机器人是未来的一个亮点。

RHex 是一款六足机器人，它独特的行走方式使之不必借助太多指令便可很好地适应崎岖路面，操作者可以在 700m 外使用遥控器进行远程控制。

X-RHex Lite 重 6.7kg，站起来高约 20cm，长为 51cm。它可以双足跳跃、四足跳跃、六足跳跃，还可以连续跳跃。通过不同的跳跃模式达到不同的效果，比如跳跃沟槽、攀爬矮墙，或者是 180° 跳跃翻身。

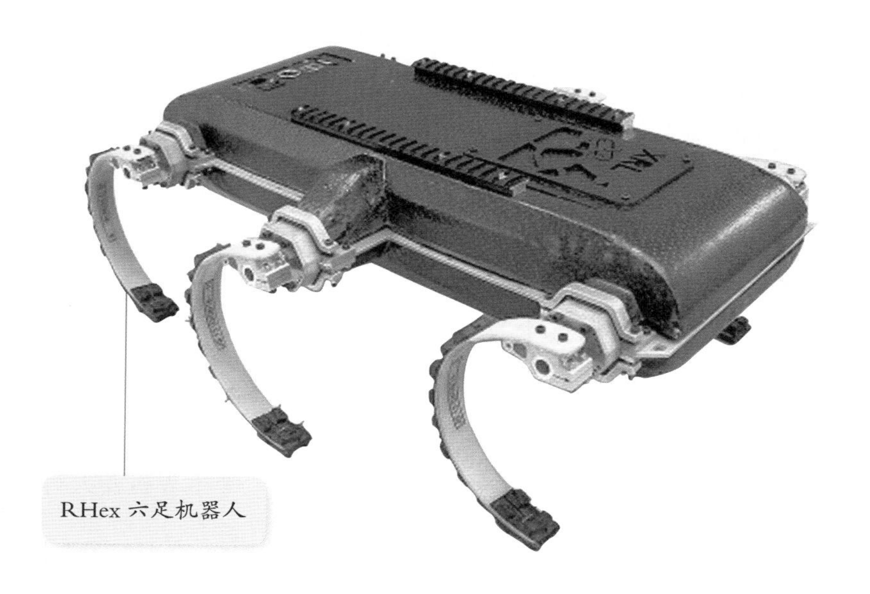

RHex 六足机器人

这款六足侦察机器人由于采用全封闭设计，所以可以在任何环境中行走。每条腿为半圈形状，拥有弹性，而且最外一层还有防滑的凹凸橡胶，就算在雨天也不怕湿滑。

X-RHex Lite 在跨越沟槽和爬墙的时候非常给力，但很可惜的是，若要它正常走路就很困难，若你要它安静下来走路，几乎不可能，就像患了多动症的小孩一样，X-RHex Lite 一刻都安静不下来。

Wildcat“野猫”是一款四足机器人，由波士顿动力公司为美国国防部高级研究项目局研发。

“野猫”的四条腿能够进行伸缩，在加速的时候增加步幅。它由身下的梁架保持稳定，能够使用四足做出不同的动作，完成不同方式的奔跑，拐弯的时候能像摩托车转弯一样，所以能在各种地形上迅速奔跑。到目前为止，它在平地上奔跑的速度可达到 30km/h。

目前，波士顿动力创造了众多具有开创性成果的机器人，通过对已被证明的理论的应用，研究、制作了许多具有里程碑意义的产品，主要包括采用内燃机和液压结构作为动力的快速平衡性好的类人形机器人 Atlas，上文提到的 SandFlea、RHex、Wildcat、BigDog 等几款侦察机器人，用于为美军实验防护武装的 PetMan 以及虫类外形迷你间谍机器人 SquishBot 等多款军用机器人，可谓是当今世界机器人行业的翘楚。

Wildcat 野猫机器人

知识链接

上文提到的SandFlea、RHex、Wildcat等几款侦察机器人以及下文将要为大家介绍的BigDog物资运输机器人等都是来自于Google集团下的波士顿动力公司。波士顿动力公司由美国国家工程院成员Marc Raibert于1992年成立，是一所致力于研制开发动力机器人及人类模拟仿真软件的工程公司，该公司主要研究人工智能仿真和具有高机动性、灵活性和移动速度的先进机器人，利用基于传感器的控制和算法来解决具有一定复杂性的机械使用问题。

爬壁侦察机器人

目前，恐怖袭击和暴力犯罪是各国人民生命财产安全的最大威胁。而犯罪分子在实施犯罪的过程中，常常躲在隐蔽之处，给反恐特警掌握现场信息带来极大困难。这时候我们多么希望“蜘蛛侠”能站出来伸张正义，利用他飞檐走壁的超能力，找到敌人破绽，痛击犯罪分子。而在现实生活中，爬壁机器人就是我们的超级英雄，它有飞檐走壁的能力，能发现犯罪分子的藏身之处，协助反恐特警将歹徒绳之以法。

爬壁侦察机器人是一种可以在垂直墙壁上攀爬并完成侦察作业的特种机器人，具备吸附和移动两个基本功能。反恐部队通过遥控装置控制携带侦察设备的爬壁机器人，可以将房间内的情况用摄像机拍摄下来，并通过无线传输装置实时传到几百米外的移动基站，从而正确判断形势、做出决断，大大降低了行动的危险性。

爬壁机器人吸附方式可分为常规吸附和仿生吸附两类，目前采用的主要是常规吸附方式，如磁吸附、负压吸附、真空吸附、螺旋桨推压以及胶吸附等。爬壁机器人首先要有很强的吸附能力，同时需要具备体积小、隐蔽性好、噪音小的特点。

德国的 Tache. F 等人研发了一种用于检测钢制复杂结构管道的全向轮磁吸附爬壁机器人。机器人有 5 个活动的自由度，每个主动轮上有用于升降稳定的侧杆臂和一个转向单元。侧杆臂上安装有磁轮，且磁轮高度略小于主动高度，以减小磁铁吸附作用和保持机器人平衡。

爬壁机器人侦察室内情况

2007 年，哈尔滨工业大学机器人研究所研制出第一台反恐侦察爬壁机器人，填补了国内空白。该爬壁机器人采用负压吸附、单吸盘、四轮移动结构方式，具有移动快、吸附可靠、适应多种墙壁表面、噪声低、结构紧凑、控制方便灵活等特点，主要应用于反恐侦察领域。

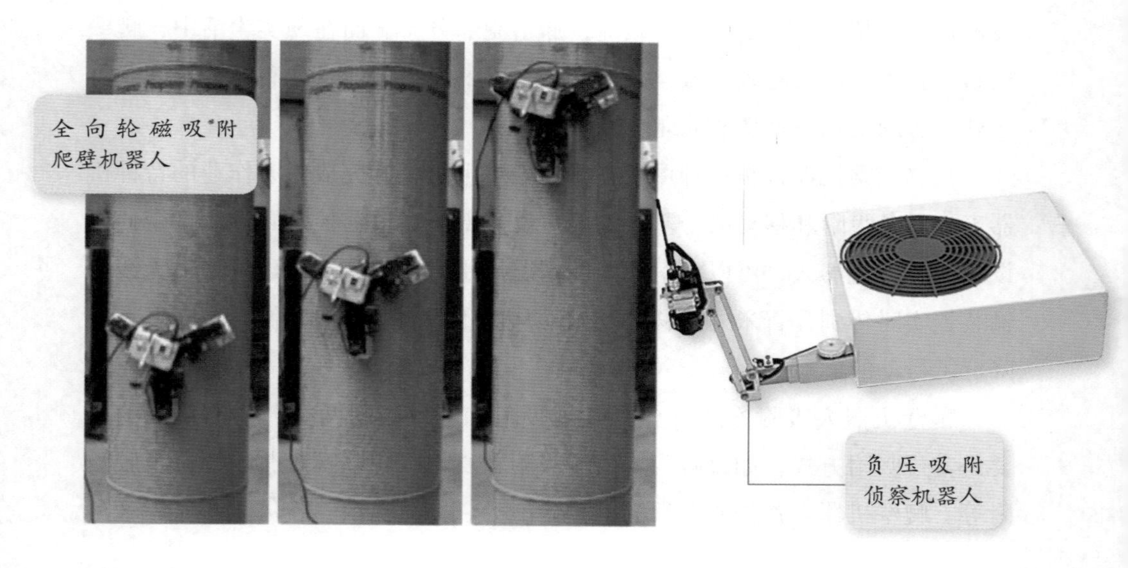
全向轮磁吸附爬壁机器人

负压吸附侦察机器人

International Climbing Machines（ICM）公司研制了 MINI Climber 和 MAXI Climber 两款新型的真空吸附爬壁机器人，主要用于检查和清洁水坝、风力发电机组和潜艇等难以检查的大型机器。

下图中上边的机器人为 MINI Climber，重 9kg，长约 35cm，宽 38cm，可以挤进狭小的空间。它使用碳纤维和环氧树脂制成，可以保持最小的重量。它还有一个内置激光的机器手臂，可以移除复杂表面上诸如核潜艇内部这样密闭空间内的涂层。下边的 MAXI 机器人是升级版，可以爬上海军船只的外表面，装备的内置激光机器手臂可以移除涂层，处理 25mm 的障碍物。

考虑到光滑表面上可能有各种障碍物、螺栓、窗台或污垢等，机器人需要有处理这些东西的能力，因此 ICM 公司开发了一个厚厚的泡沫橡胶垫，形成一个用于真空的“滚动压力密封垫”。这些泡沫可以应对 20mm 的凸起，因此，它能够在砖墙、钢架和飞机机体上爬行。

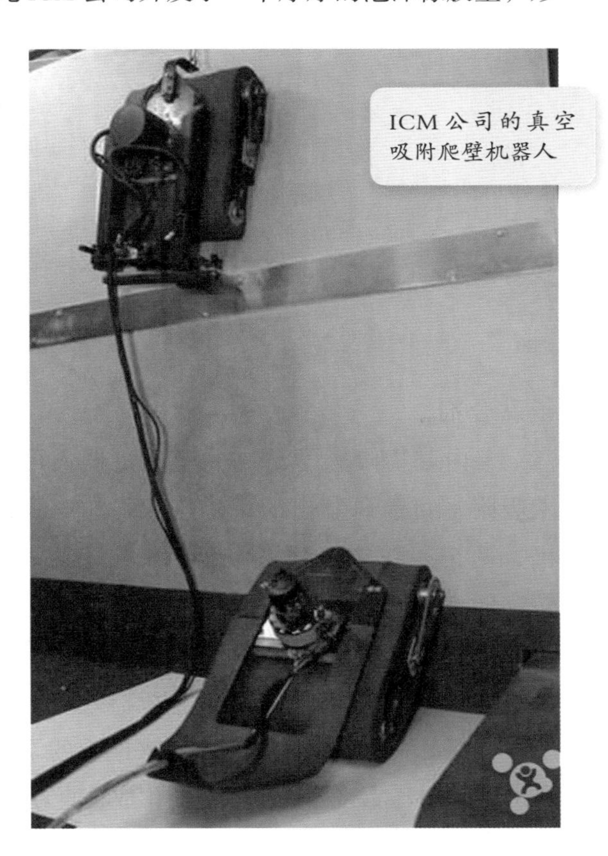
ICM 公司的真空吸附爬壁机器人

仿生吸附方式爬壁机器人噪音小、环境适应能力强，但技术尚未成熟，吸附能力有待提高，采用这种方式的有仿壁虎足的干吸附、仿蜗牛的湿吸附等。

壁虎可以在墙上奔走如飞，是因为其脚足刚毛与物体表面间存在范德华力，所以可以黏附在物体表面。科学家成功研制了模拟壁虎脚足上刚毛的干型高分

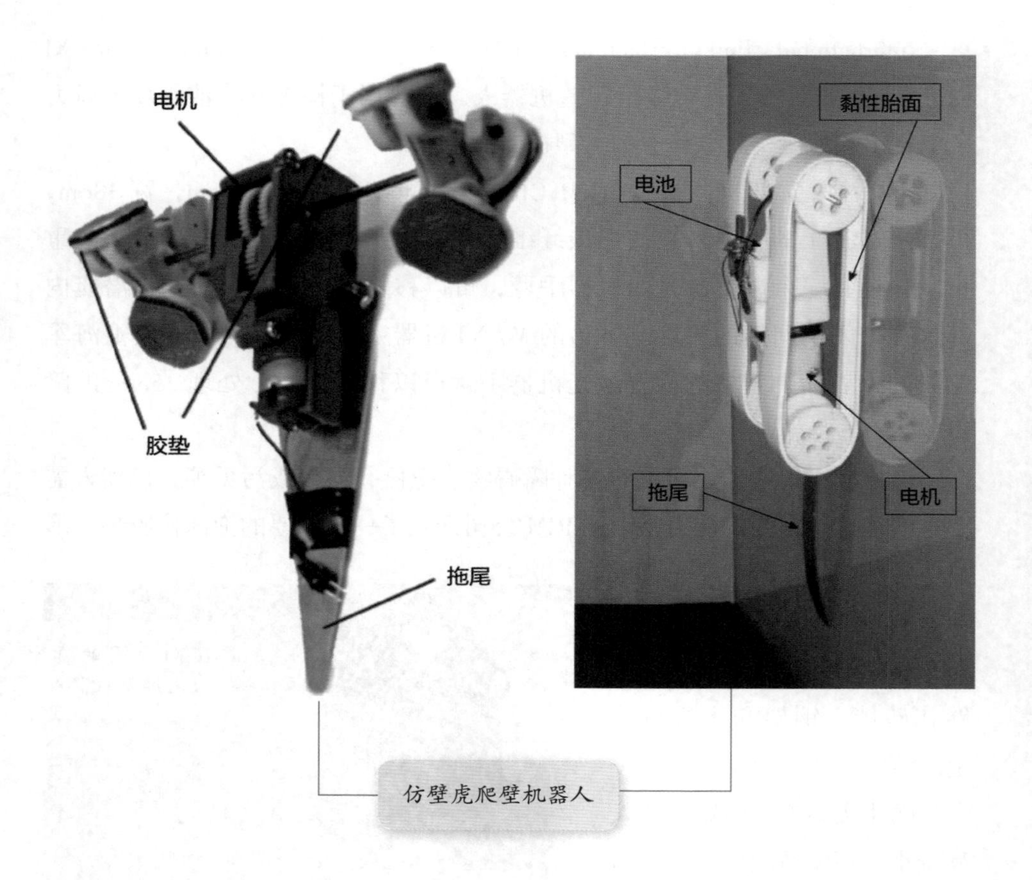

仿壁虎爬壁机器人

子黏合剂。

卡内基梅隆大学研制的爬壁机器人可在大部分常见的光滑壁面材料上吸附，目前研制出的有采用“腿轮”式结构和履带式结构的机器人样机，两个“腿轮”分别由 3 个带有干黏性材料的脚掌组成，当“腿轮”转动时，每个腿轮上的 3 个脚掌交替吸附实现机器人爬行。这两款机器人样机的后部都有一个“尾巴”，用来提高机器人的抗倾覆性能。

欧洲航天局研制了小型爬壁机器人——阿比盖尔。它采用的是干燥附着技术，其足底覆盖了效仿壁虎足底刚毛的干燥微纤维，6 条腿每条都有四个自由度，使其能够从水平环境转化成垂直环境。

在太空里，其他的附着方式都因安全原因而被排除，如胶带会吸积灰尘，随时间推移失去黏性，且在真空环境会产生烟气。磁铁也不现实，因为无法依附在复合表面且它们的磁场可能会影响设备的正常运行。而阿比盖尔可以在真空环境里工作，或许可以成为在宇宙飞船船体爬行、清理并维修宇宙飞船的机器人先驱。

阿比盖尔爬壁机器人

空中侦察机器人

空中机器人指各种能够在空中自由飞行的飞行器，又称无人机。无人机是军用机器人发展最快、最大的家族之一，在尺度上可分为常规无人机和微型飞行器，在用途上可分为侦察与监控无人机、电子对抗无人机、攻击无人机及多用途无人机等。其中无人侦察机是数量最多、应用最广泛的一种，在军事领域已广泛应用于环境侦察、通信中继、情报搜集、电子干扰、目标精确打击和早期预警等方面。

目前，世界各国军用无人机的发展很快，已研制、试验及部署服役了多种类型的军用无人机，其中支援保障型的无人侦察机是发展的重中之重，它不仅是军队装备的需要，也是各国警务部队进行反恐侦察、监控防范的重要技术力量。

美军装备了世界上数量最庞大的无人机，在全球至少有60个无人机基地。目前，美军装备了约120架MQ-1B Predator“捕食者”无人机，200架

MQ-9A Reaper“死神”无人机，15 架 RQ-4B Global Hawk“全球鹰”无人机，7000 架 RQ-11B Raven“渡鸦”无人机，460 架 RQ-7B Shadow“暗影”无人机，45 架 MQ-5B Hunter“猎人”无人机，130 多架 MQ-1C Gray Eagle“灰鹰”无人机，5 架 MQ-4C BAMS“海神”无人机，25 架 MQ-8B Firescout“火力侦察兵”无人机，RQ-21A Scan Eagle“扫描鹰”无人机，52 架 RQ-21A STUAS 无人机，2 架 X-47B 无人机。美国空军无人机每日飞行 60 次，美国陆军无人机每日飞行 16 次，美国军队特种行动部队和民用承包商的无人机每日各飞行 10 次，在阿富汗、伊拉克等战场发挥了巨大作用。

除美国外，欧洲各国也对无人机做了很多研究工作，我国的无人机技术近年来也取得了很多成果。

无人机又可以分为固定翼无人机、旋翼式无人直升机和微型飞行器。

● 固定翼无人机

固定翼无人侦察机是常规结构的无人机类型，以上单翼或下单翼为主，多有尾翼且以双尾翼见著。不少常规无人机还带有双尾撑，尾翼固定于尾撑的末端。大多数的中、短程战术侦察无人机和长航时的战略侦察无人机都采用了这种机翼结构。

“渡鸦”无人机通过士兵投掷起飞

RQ-11“渡鸦”（Raven）是一种手持发射的轻型侦察用无人机，由航空环境公司为美国军方发展制造，于2002年开始实际军事部署，主要用于战场上的低空侦察、监视与目标辨识。透过机上的航电系统与卫星定位导航的帮助，RQ–11能根据需要以人工遥控或自动导航的方式飞行。

“渡鸦”全长1.1m，翼展1.3m，总重只有1.9kg。机器人采用电池动力，静音性能好，飞行高度一般为30 ~ 150m，实用升限4570m；速度一般为60km/h，最大速度为95km/h，续航时间为1.5h。

美国陆军正在使用5000多架RQ–11“渡鸦”无人机，“渡鸦”是美军在阿富汗和伊拉克使用最多的小型无人机。在伊拉克和阿富汗战争中，美军最大的威胁并不是与武装人员的正面交战，而是频繁的包括地雷和炸弹等在内的各种埋伏。美国部队定出最佳的伏击位置、埋设地雷或发射火箭弹的最佳地点，然后通过无人机对这些地点进行实时侦察，使敌人处于被发现的危险中。

“弹簧刀”源自几年前美军启动的一项名为“阿努比斯”的计划，可由单兵使用低费用弹射器发射，然后依靠电池动力飞行，携带有监视仪器，可对地面移动目标实施跟踪监控。机体内还装备有一个小型炸弹，一旦美军操作手认为目标值得攻击，就可锁定目标。此时，“弹簧刀”就会收起机翼，变身为一枚小型巡航导弹，直接撞向目标引爆炸弹，与目标同归于尽。

知识链接

航空环境公司成立于1971年，总部设在美国加利福尼亚州的蒙罗维亚，是美国国内军用小型无人机行业的鳌头，目前基本没有竞争对手。该公司主要从事设计、开发、生产无人驾驶飞机系统、战术导弹系统以及高效能源系统并提供相应的技术支持。主要产品除了上文介绍的“渡鸦”无人机之外，还包括“弹簧刀”微型无人机以及由太阳能供电的“美洲豹AE”小型无人机等。

“扫描鹰”无人机由波音公司与英西图公司（Insitu）联合研制，全系统包括无人机、一个地面或舰上控制工作站、通信系统、弹射起飞装置、空中阻拦钩回收装置和运输贮藏箱。无人机机身长 1.22m，翼展 3.05m，全重 15kg，最大飞行速度 130km/h，续航力 15 ~ 48h，最大飞行高度 4900m。飞机可以将机翼折叠后放入贮藏箱，从而降低运输难度，提高战术部署能力。机上的数字摄像机可以 180° 自由转动，具有全景、倾角和放大摄录功能，也可装载红外摄像机进行夜间侦察或集成其他传感器。

“扫描鹰”无人机

“扫描鹰”通过气动弹射发射架发射升空，既可按预定路线飞行，也可由地面控制人员遥控飞行。它的控制站有固定式和便携式两种，后者可以设在一辆悍马吉普车上，机动性很强。“扫描鹰”无人机的回收也很特别，通过“天钩”系统来实现。这是一根悬在约 16m 高的杆子上的绳索，可以对“扫描鹰”进行拦阻。“天钩”使“扫描鹰”不必依赖跑道，可以部署到前沿阵地、机动车辆或小型舰船上。

2012 年 12 月伊朗俘获了一架“扫描鹰”无人机，然而在整个事件中，关于这架“扫描鹰”的服役部队一直没有结论，事件中美伊双方一如既往地各执一词。从伊朗发布的视频画面可以观察到，这架“扫描鹰”完全没有受损，几名身着军服的人员不时摆弄机身上可活动的部位，有人还在现场做笔记。伊朗媒体还引述伊斯兰革命卫队海军负责人的话称，该无人机是在伊朗领空飞行时遭伊方电子战设备俘虏的，现在这架无人机归伊朗所有。不过让美国人难堪的是，伊朗革命卫队海军司令阿里·法达维表示，伊朗航空工业组织已根据俘获的“扫描鹰”仿制出国产型号。据称，伊朗版“扫描鹰”增加隐身能力，航程近千千米，还能配备武器，堪称“青出于蓝胜于蓝”。

知识链接

关于波音公司，大家一定都有所了解，该公司成立于1916年7月1日，由威廉·爱德华·波音创建并于1917年改名波音公司。作为全球航空航天业的领袖公司，该公司同时也是世界上最大的民用和军用飞机制造商。此外，波音公司设计并制造旋翼飞机、电子和防御系统、导弹、卫星、发射装置以及先进的信息和通讯系统。作为美国国家航空航天局的主要服务提供商，波音公司运营着航天飞机和国际空间站。波音公司还提供众多军用和民用航线支持服务，其客户分布全球90多个国家。

与波音一同合作研制“扫描鹰”无人机的Insitu公司主要从事情报、监视与侦察高性能、低成本无人机系统的设计、开发和制造。2008年Insitu公司宣布被波音公司收购，作为波音公司综合防御系统军用飞机分部的全资所有子公司继续运营。

美国RQ-4A“全球鹰”无人机由美国诺思罗普·格鲁曼公司研制，是目前美空军乃至全世界最先进的无人机之一，也是世界上飞行时间最长、距离最远、高度最高的无人机。“全球鹰”高空远程无人飞行器（HAE UAV）是为了满足空中防御侦察办公室（DARO）向联合力量指挥部提供远程侦察能力的需要而设计的，具有从敌占区域昼夜全天候不间断提供数据和反应的能力。

RQ-4A“全球鹰”无人机

“全球鹰”翼展35.4m，长13.5m，高4.62m，最大起飞重量11622kg，最大飞行速度740km/h，巡航速度635km/h，机载燃料超过7t，最大航程可达26000km，续航时间42h。可从美国本土起飞到达全球任何地点进行侦察。“全球鹰”一天之内可以对约13.7万km^2的区域进行侦察，经过改装可持续飞行6个月，只需1至2架即可监控某个国家。

“全球鹰”可同时携带光电、红外传感系统和合成孔径雷达。该雷达获取的条幅式侦察照片可精确到1m，定点侦察照片可精确到0.3m。“全球鹰”能在20000m高空穿透云雨等障碍连续监视运动目标，准确识别地面的各种飞机、导弹和车辆的类型，甚至能清晰分辨出汽车轮胎的齿轮。

“全球鹰”于1998年2月完成首飞，2001年11月美军首次将其投入对阿富汗的军事打击行动。在阿富汗战争中，“全球鹰”无人机执行了50次作战任务，累计飞行1000h，提供了15000多张敌军目标情报、监视和侦察图像，还为低空飞行的“捕食者”无人机指示目标。

2003年8月，美国联邦航空管理局向美空军颁发了国家授权证书，允许美空军的“全球鹰”无人机系统在国内领空实施飞行任务，使“全球鹰”成为美国第一种获此殊荣的无人机系统。

除国内空域，“全球鹰”无人机还被授权在澳大利亚、葡萄牙、西班牙、苏格兰、丹麦、加拿大、墨西哥、哥斯达黎加、洪都拉斯、委内瑞拉以及厄瓜多尔等国际空域进行飞行。无人机专家称，这预示着无人机将可以像有人驾驶飞机一样“列队和飞行”。

“鸬鹚”无人机是一种隐形、喷气动力的无人驾驶飞机，由美国洛克希德·马丁公司下属的高级技术研发部门——“臭鼬工厂”（Skunk Works）研发，“鸬鹚”无人机可以由“三叉戟”弹道导弹发射井在水下进行发射。

知识链接

诺思罗普·格鲁曼公司是美国军火界巨头之一，同时也是美国主要的航空航天飞行器制造厂商之一，由原诺思罗普公司和格鲁曼公司于1994年合并而成。同年，诺思罗普·格鲁曼公司收购了沃特（Vought）飞机公司；1996年又收购了威斯汀豪斯电气公司的防务和电子系统分部；1997年完成了与防务信息技术公司（Logicon）的合并。诺思罗普·格鲁曼公司在电子和系统集成、军用轰炸机、战斗机、侦察机以及军用和民用飞机部件、精密武器和信息系统等领域具有很大优势。

诺思罗普·格鲁曼公司近来的主要产品有B-2隐身轰炸机、A-6舰载攻击机、F-14“雄猫”战斗机、EA-6B电子战飞机、E-2C“鹰眼”预警机。同时作为组成联合监视目标攻击雷达系统的飞机主要承包商，该公司还为F-16飞机和F-22飞机生产火控雷达，为AH-64D“长弓阿帕奇”直升机生产长弓火控雷达和“海法尔”导弹；同时作为子承包商生产波音-747和F-18的部件。

“鸬鹚”无人机

“鸬鹚”无人机的机翼被设计成海鸥翅膀的形状，以适应导弹发射井狭小的空间。其机身由钛合金制成，不仅强度高，还能抵御海水的腐蚀。机身的外形也采用了复杂的隐身设计，飞机的进气口位于机头部位，呈三角形。处于水下时，飞机的引擎和武器开口都用充气膨胀式密封防水。发射时，“鸬鹚”无人机由类似机械臂的引导装置送出发射井。自行浮出水面后，无人机将起动两部固体燃料发动机，在水面垂直起飞。完成任务后，飞机返回和潜水艇的汇合点，由水下机械臂带回潜水艇。

“鸬鹚”无人机长 5.8m，翼展 4.86m。机身总重量不到 4t，但可以携带 453kg 的载荷，可以装备近程武器和侦察设备。它的最大飞行速度预计将达到 880km/h，巡航速度为 550km/h，最高飞行高度 10.7km，能持续飞行 3h，作战半径达 926km。2007 年 11 月中旬，美国海军一艘洛杉矶级核潜艇搭载了“鸬鹚”无人机在大西洋海域试飞，这也是美国海军核潜艇第一次无人机弹射试飞。

研发公司“臭鼬工厂”即航空分公司的预研小组，创建于 1943 年，承载着关键技术的基础研究，素以研制隐形飞机和侦察机闻名，其中包括大名鼎鼎的F-117隐形战斗机以及美军绝密航空研制计划，如U-2、SR-71等。初建时洛克希德公司正为美国空军生产第一批实战型喷气式战斗机XP-80，后来该团队在高空侦察机和隐形战斗机研究方面取得了一系列辉煌成就，其工作重点还集中在洛克希德·马丁公司的航空部门，并将研发重点放在传统业务上，即为美国防部生产先进战斗机原型和高度保密的航空器平台。如今，洛克希德·马丁公司十分清楚，“臭鼬工厂”从事的创新不是简单的重复性劳

知识链接

洛克希德·马丁公司前身是洛克西德公司，创建于1912年，是一家美国航空航天制造商。公司在1995年与马丁·玛丽埃塔公司合并，并更名为洛克希德·马丁公司。目前洛克希德·马丁控制着世界防务市场40%的份额，五角大楼每年采购预算的1/3都用于支付其订单，它几乎包揽了美国所有军用卫星的生产和发射业务，是名副其实、无可争辩的世界军火“第一巨头”。

搜索者-2型无人机

动，而是一种高投入、高风险的创新，打破条条框框、摒弃墨守成规的行为准则使那里成为富有创造力的精锐人才充分发挥能力实现梦想的天堂，惊人的科研成果不断送往得克萨斯的沃斯堡和乔治亚的玛丽埃塔两个制造中心，一次次带给世人耳目一新的震撼。例如，正在研究的如何将隐身涂料与飞机耐高温材料有机融合的成果，将用于不久问世的F-35生产型飞机上。

“搜索者”无人侦察机是以色列的第三代无人侦察机，采用上单翼结构，发动机置于机身尾部上方，用三桨叶螺旋桨推进。水平尾翼固定在从机身尾部向后伸出的两根梁上，略微内倾的双垂尾安装在尾翼两端。起落架为前三点式，可在平地或跑道上滑跑起飞降落，必要时可用气压弹射器或助推火箭帮助起飞。

“搜索者”机长5.15m，高1.16m，翼展7.22m，最大起飞重量372kg，有效载荷63kg，飞行高度4575m，飞行速度111 ~ 194km/h。每次出动的侦察飞行时间可达12h（飞行高度3050m、离基地100km），最长留空时间为14h。侦察飞行的活动半径在有无线电中继时为220km，无中继时为120km。机载光电侦察设备包括电视摄像机、前视红外仪、激光目标指示器、激光测距仪，安装在机身下部一个可转动的球形壳体内，转动方位角360°，俯仰角+10° ~ -110°。机上有数据传输设备，可将侦察获得的图像实时传回地面站。

“翔龙”高空长航时无人机是中国新一代高空长航时无人侦察机，包括无人机飞行平台、任务载荷、地面系统三个部分。可以完成平时和战时对周边地区的情报侦察任务，为部队准确及时地了解战场态势提供有力手段。2011年6月28日，“翔龙”无人机原型机首次出现在成飞跑道上。

“翔龙”高空高速无人侦察机全长14.33m，翼展24.86m，机高5.413m，正常起飞重量6800kg，任务载荷600kg，机体寿命暂定为2500Fh。巡航高度为18000 ~ 20000m，巡航速度大于750km/h；作战半径2000 ~ 2500km，续航时间超过10h，起飞滑跑最短距离350m，着陆滑跑距离500m。

“翔龙”无人机最大的特色在于它采取了罕见的连翼布局，这在中国飞

“翔龙”无人机

机设计史上是一个大胆的突破。该机具有前翼、后翼两对机翼，并且前后翼相连形成一个菱形的框架。前翼翼根与前机身相连，向后掠并带翼梢小翼；后翼翼根与垂尾上端相连，向前掠并带下反角；后翼翼尖在前翼翼展70%处与前翼呈90°连在一起。与常规飞机相比，连翼飞机具有结构结实、抗坠毁能力强、抗颤振能力好、飞行阻力小、航程远等优点。

有专家认为，“翔龙”的机体表面将会涂装可吸收无线电波的涂料，以增强其隐蔽侦察能力。同时，该机还可被用于引导中国最新型的DF-21D型反舰弹道导弹。

除了上述无人机外，我国还自主研发了用于短程监视的“千里眼”小型电动无人机和用于环境监测、海岸巡逻、应急救援的“刀锋”无人机以及BZK-005高空大航程无人机。这些无人机的诞生与发展，见证了我国无人机技术已经逐步迈入世界领先行列。

● 旋翼式无人直升机

无人侦察直升机是指由无线电地面遥控飞行或自主控制飞行的可垂直起降的无人飞行器，在构造形式上属于旋翼飞行器，在功能上属于垂直起降飞行器。

与有人直升机相比，无人直升机由于无人员伤亡、体积小、造价低、战场生存力强等特点，在许多方面具有无法比拟的优势。与固定翼无人机相比，无人直升机可垂直起降、空中悬停，朝任意方向飞行，其起飞着陆场地小，不必配备固定翼无人机复杂、大体积的发射回收系统，作战空间遍及低、中、高空，兼有高低空作战的双重性能。

A160“蜂鸟”是一种垂直起降的无人驾驶无人机，是1998年初由美国五角大楼下属的国防高级研究计划局与圣地亚哥的边界航空公司（后被波音公司收购）合作开发的一种无铰链刚性旋翼概念机。

A160“蜂鸟”无人机采用最优速度旋翼技术，该技术通过在不同高度、

A160“蜂鸟”无人直升机

Camcopter 小型无人直升机

总重和巡航速度下调节旋翼系统的转速来大幅提高整机的性能和效率，可以高效地进行低马力巡航，从而大大增加了航程和续航时间。2002 年 1 月 29 日，A-160“蜂鸟”在南加州后勤机场成功进行了首次水平直线飞行。

A-160 无人机采用内燃发动机，这种发动机使旋翼在飞机燃油、外部条件、有效载荷和飞行高度达到最优的情况下运转，而且噪声也相对减弱。然而仍存在发动机最大功率不足的缺陷。改进型的 A160T 采用了 PW207D 涡轮轴发动机，并已于 2007 年 6 月成功完成了首飞。

A160T 无人机长约 10.668m，具有直径约 10.9728m 的旋翼，能以 260km/h 的速度飞行 20h，升限大约为 7620 ~ 9144m，悬停高度达到 4572m。作战型 A160T 无人机将能执行持久情报、监视和侦察，目标捕获、直接作战行动、通信中继和精确再补给等任务。

Camcopter 是一个小型无人直升机，由奥地利 Schiebel Technology 公司开发，主要用于完成空中监视、目标侦察、雷区探察、交通管制等任务。Camcopter 机上配置有由 CCD 摄像机和红外传感器构成的双重传感器万向支架系统。该无人直升机既可遥控，又可按预定的路线进行自动飞行。在自动飞行模态，操纵者可通过任务控制单元观察飞行，飞行控制根据飞行任务计

划自动完成；在人工操作模态，操纵者可通过任务控制单元指挥和观察飞行。该系统允许操作员中断预编程飞行，然后还可以回复到自动飞行模态。以惯性/卫星导航为基础的自动飞行控制系统即使在恶劣的天气条件下也可确保飞行的稳定。该机配备智能电源管理系统控制电力供给，它由三台交流发电机和一套可充电后备电池组成。

投入量产的国产 V750 无人直升机

V750 无人直升机是一种国产多用途无人直升机，该机能够从简易机场、野外场地、舰船甲板起飞降落，携带多种任务设备，可针对特定地面及海域的固定和活动目标实施全天时的航拍、侦察、监视和地面毁伤效果评估等。同时还可完成森林防火监察、电力系统高压巡线、海岸船舶监控、海上及山地搜救等任务。

V750 无人直升机起飞重量为 757kg，任务载荷大于 80kg，最大平飞速度为 161km/h，最大航程为 500km，续航时间大于 4h。该机有人工遥控和程序控制自主飞行两种飞行模式。V750 无人直升机控制半径超过 150km，使用升限为 3000m。2011 年 5 月 7 日 V750 无人直升机在山东潍坊首飞成功，

Indago 四旋翼无人飞行器

填补了中国中型无人直升机的空白。2012 年，该直升机在山东潍坊实现批量生产，目前年产能力 150 架。

我国目前还在研发具备运动舰面自主起降能力的 WZ-6B 无人直升机，相信不久的将来我国无人直升机技术会有新的飞跃。

洛克希德·马丁公司下属的 Procerus 技术公司推出了一种小型垂直起降无人机 Indago，可以在短短几分钟内为身处窄小杂乱城市环境中的战士、突击部队或其他人员提供空中视野，或者为搜索与救援、救灾任务提供态势安全感知。

该无人机外部尺寸为 0.8m，重 2.27kg，坚固耐用，可折叠装入背包，无需工具即可组装。它采用双传感器平台，具有悬停、栖息和凝视能力。该型无人机在控制基站的视距内工作，飞行高度可达 5km。Indago 无人机可以持续飞行 45min，使用手持式地面控制站控制。而相应的地面控制站的电池可连续工作 4h，该控制站还可用来控制其他无人机。

该无人机的常平架座包括光电红外传感器和激光照明，可持续提供 360° 平移能力。这种结构紧凑的轻型无人机配备了 Procerus 技术公司的 Kestrel 3 型自动驾驶仪，可在几分钟内部署。该无人机包括一个无线手动控

Ka-137 无人直升机

制器，采用易操作界面，可更直观且不受限制地操纵无人机。虚拟座舱 V3.0 具备地面控制站的所有功能，提供用户友好的三维地图界面、强大的任务规划工具、飞行中任务更新和航线导航等。

洛克希德·马丁公司还推出了低操作成本的商用航电系统设备，可同时卖给民用和军用客户使用。洛克希德·马丁公司表示，该设备相比其他军用型和执法部门所用的航电系统具有更少的航路点和更小的通讯区域。

Ka-137 是俄罗斯卡莫夫直升机科学技术联合体研制的一种多用途无人直升机。1994 年开始研制，1999 年投产并用于俄罗斯陆军和边防部队。Ka-137 可携带最大 80kg 的有效载荷，主要用于生态监测、油气管道监测、森林防火、辐射和生化侦察、自然灾害监测、公安边防巡逻、渔场保护等。K-137 采用共轴双旋翼结构，机体形状为球形，并采用四腿起落架。

Ka-137 旋翼直径 5.30m，机身最大直径 1.30m，机高 2.30m，配备一台 Hirth 2706 R05 型二冲程活塞式发动机，功率为 48.5kw。最大起飞重量 280kg，最大有效载荷 80kg，最大速度 175km/h，巡航速度 145km/h，悬停升限 2900m，使用升限 5000m，最大航程 530km，续航时间 4h。

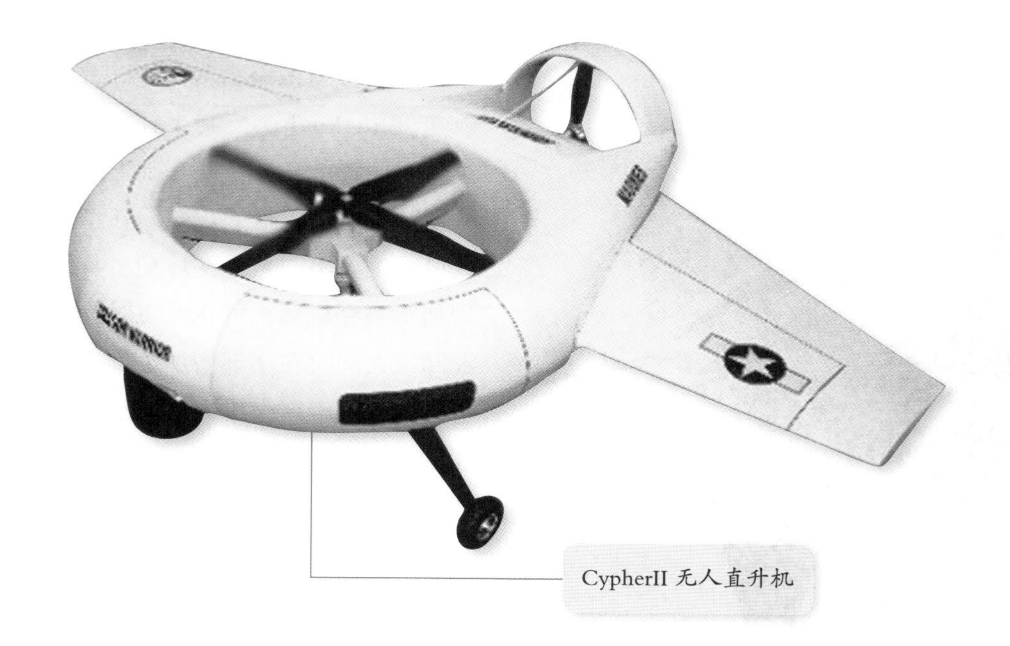

CypherII 无人直升机

Ka-137 的机体分成上下两个独立的部分，上半部分装载发动机、燃油及控制系统；下半部分放置有效载荷和各种传感器。该机装有一套自动飞行的数字控制系统，机载惯性卫星导航系统确保它能够完成许多复杂的自动飞行任务。Ka-137 的特点有：可完全自主飞行；可舰船操作；机体防腐蚀；电磁屏蔽；可装载电视摄像机和红外摄像机、便携式雷达和无线电发射机；可重组多任务传感器；卫星导航：数字自动驾驶仪；自动导航在 60m 的精度之内；可防高强度辐射。

Cypher 无人机是美国西科斯基公司为美海军陆战队研发的一种圆环型涵道风扇式无人直升机。最初设计用于空中侦察并提供战场目标定位和跟踪信息，后来逐渐发展成为一个多用途任务平台，能够完成多种任务，包括警戒、搜索、地下探测、任务载荷运送、无线电中继等。

Cypher 机体呈圆环型，其独特之处在于采用涵道式结构，两副共四片桨叶的共轴旋翼全部置于涵道中，具有尺寸小、结构紧凑的优点。Cypher 涵道具有多种功能，既可支持、固定和保护旋翼，又可产生一部分升力。另外它还作为机体容纳发动机、航空电子设备、燃油、有效载荷等部件。

“金眼”–50 无人机

Cypher 有效载荷为 22.7kg，巡航速度 121km/h，控制半径 60km，续航时间为 2.5h。在此基础上，西科斯基公司又研制了 CypherII 型无人机，主要不同点是在环型机身上增加了一副机翼，可在前飞时为旋翼卸载，同时在尾部增加了推进涵道风扇，用于产生推力以增加航程和航时。

Cypher 的自动飞行模态有：自动起飞和着陆、定位悬停、高度保持、速度保持、中场点导航和自动返回等。Cypher 由一个运动的地面站进行控制和管理。通过一个系统操纵显示器，就可计划、监视和执行整个任务过程。根据任务不同以及使用范围和要求图像的质量，Cypher 无人机的任务载荷可包括电光传感器、前视红外传感器、小型雷达、化学探测器、磁测仪、无线电中继设备等。

“金眼”–50 无人机由极光飞行科学公司研发，能执行多种任务，其军事用途主要是高空监视和侦察。可依靠独特的发动机设计垂直起降，在目标上空长时间悬停，监视和搜索敌方目标，也可作为舰载飞行装备，为海军作战力量和海岸警备部队提供空中监视能力。“金眼”系列无人机将成为美军机动性能更高的自动化无人侦察机。另外，它还可供事故救援部门使用，在事故地区上空监视和搜索。

“金眼”–50 机身长 0.7m，翼展 1.35m，起飞重量 9kg，有效载荷 0.9kg，续航时间 1h，最大速度 190km/h。“金眼”–50 于 2004 年 7 月首飞，2005 年 4 月完成垂直起飞 – 平飞和平飞 – 悬停飞行转换试飞。经过验证，“金眼”–50 优于美国国防预先研究计划局“建制无人机Ⅱ”（OAV– Ⅱ）项目要求的隐身性能以及在高速飞行状态下进行倾斜转弯的能力。

2005 年夏季，该机还向美陆军数个兵种和某北约国家的军队演示了其能力。“金眼”－建制无人机比“金眼”-50 大，但将采用与后者相同的空气动力布局、低可探测设计和飞行控制律，并兼容机器人系统－士兵计算机接口。该机的发动机将由“金眼”-50 的一台小型汽油发动机换装为一台重油发动机，此外还将装备一套先进防撞系统，使之可在低空和都市环境中使用。“金眼”无人机可搭载于未加改造的悍马高机动多用途轮式车辆后部，不需要发射和回收设备。

“鹰眼”HV-911 直升机是美国贝尔直升机公司为海岸警卫队研制的一种倾转旋翼无人机。该系统能实时搜集重要情报、监视和侦察信息、支持封锁系统，使美国海岸警卫队能对许多重要任务作出响应。

“鹰眼”无人直升机机长 5.18m，翼展 4.6m，最高飞行速度可达 388km/h，飞机重量 1300kg，载重 90 ～ 136kg，升限 6100m，续航时间 5h。“鹰眼”无人机在两个翼端都有一个可偏转的螺旋桨，因此，该机既具有和普通固定翼飞机一样的水平直飞能力，又有和直升机一样的垂直起降、盘旋性能。

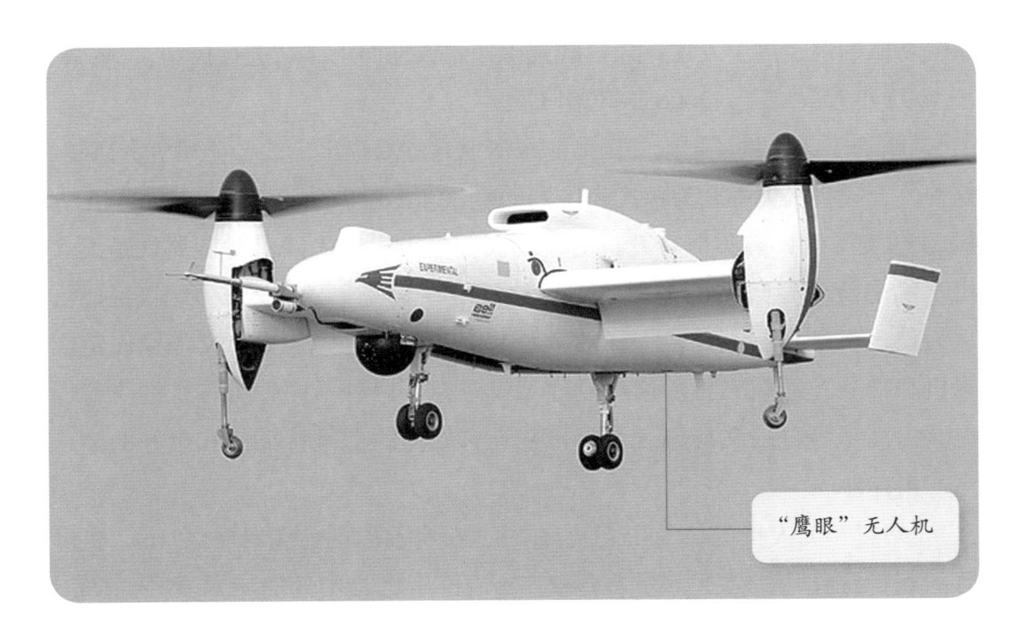

“鹰眼”无人机

“蜻蜓”无人机

“鹰眼”装备了搜寻海上目标的摄像机、雷达或其他传感器，可以从海岸警备队的巡逻舰上发射，通过舰载工作站或地面工作站进行控制。“鹰眼”于 1992 年首次试飞，2006 年开始服役。

“蜻蜓”无人机计划由美国防高级研究计划局提出，波音公司负责研制。这种复合式飞机被称之为鸭式旋翼 / 机翼（Canard Rotor/Wing，CRW）无人机，“蜻蜓”设计有类似直升机的宽旋翼，当飞机起飞降落时旋翼就是无人机上的螺旋桨，当飞机平飞时旋翼被锁定在机身上，它就成为固定机翼，从而使飞机既具有直升机一样的垂直起降和空中悬停能力，又能像固定翼飞机那样高速巡航飞行。这种设计不仅融合了两种不同种类飞机的飞行性能，提高了各自的飞行包线，而且还具有较低的信号特征值和很好的高速飞行生存性。

“蜻蜓”无人机机长 5.4m，机高 2m，机身前部的前翼翼展 2.71m，机身后部起稳定作用的水平尾翼翼展 2.47m，位于机身中部的旋翼直径 3.65m，

FD-2000C 单兵背负式四旋翼侦察系统

机重 660kg，速度为 277km/h。“蜻蜓”无人机于 2003 年 12 月完成首次悬停试验。

国产 FD-2000C 单兵四旋翼无人侦察机的最大起飞重量为 6.5kg，有效控制半径为 6km，最大航程 12km，续航时间 40min，相对飞行高度 2000m，巡航速度 36km/h，最大航速 50km/h。海平面爬升速率可达 8m/s，通过 GPS 解算和数字气压计自动定高。

该无人机稳定性很好，抗风能力为六级（风速 13.8m/s）。机动性优良，可以垂直起飞降落、空中悬停、快速前飞、侧飞，并且对起降场地无要求。可以携带微型摄像机、照相机、催泪弹和通讯中继等。在人防、公安、反恐等领域有广泛的应用前景。

“绝影”-8 无人飞行器是中航工业直升机所正在研发的一款新概念高速直升机，具备执行战场侦察、攻击、巡线、航拍等多种军用、民用任务的能力。该机是一种 800kg 级的新概念试验机，大量采用复合材料，主要用于验

“绝影”-8 无人直升机模型

证直升机能否实现最高速度突破，预计最高速度可超过 400km/h。

该机在布局上采用共轴双旋翼加前拉力桨型式，通过两副旋翼共轴反转相互平衡反扭矩，同时提供飞行器垂直起降、悬停及前飞时所需的升力；双排对转拉力桨布置在机身最前面，提供前飞所需的拉力，稳定性更好，大速度前飞时，拉力桨工作，拉力桨变转速不变桨距，以提供高速前飞时所需的拉力；经过特殊设计的桨叶能够很好地解决后行桨叶失速问题，从而实现直升机的高速飞行。可收放式起落架使其不仅具备直升机的悬停、低速、机动能力，而且拥有固定翼飞机的大速度前飞能力。

● 微型飞行器

微型飞行器（Micro Air Vehicle，MAV）的研发计划由美国国防高级研究中心 1995 年发起，旨在推动微小型无人机应用及相关技术的发展。其特点是有足够小的尺寸（小于 20cm）、足够大的巡航范围（如不小于 5km）和足够长的飞行时间（不少于 15min）。

微型飞行器不同于传统概念上的飞机，它是 MEMS（微机电系统）集成技术的产物。微型飞行器的姿态控制系统中的微型地平仪、微型高度计，导航系统中的微型磁场传感器和微型加速度计、微陀螺仪等，飞行控制系统中的微型空速计、微型舵机等，在微型飞行器上应用的微型摄像机、微型通讯系统等，都需要 MEMS 技术的支持，以减少体积和重量，改善飞行器的性能。微型飞行器的动力——微型发动机也需利用 MEMS 技术制造，所以说，微型飞行器除机身和机翼外，都需依靠 MEMS 技术，甚至机翼也可以用 MEMS 技术制造灵巧蒙皮，以控制飞行器的飞行姿态。

由于微型飞行器具有体积小、便于携带、操作简单、机动灵活、安全性好的优点，MAV 可用于军事侦察、战争危险估计、目标搜索、通信中继、侦察建筑物内部情况以及监测化学、核或生物武器，可适用于城市、丛林等多种战争环境。在非军事领域，配置有相应传感器的微型飞行器可以用来搜寻灾难幸存者、有毒气体或化学物质源，消灭农作物害虫等。美国、日本、德国以及中国都相继开展了研究工作，其中最具备实用价值的有“黑寡妇”和“微星”。

“黑寡妇”（Black Widow）微型飞行器由 Aero Vironment 公司研制。该微型飞行器采用固定翼飞行模式，外形类似于盘状飞碟，它的最大直径 15cm，由微电机驱动前置螺旋桨产生拉力，采用锂电池提供能源。微型飞控系统由控制芯片、无线接收器和三个微电机驱动的执行器组成。经

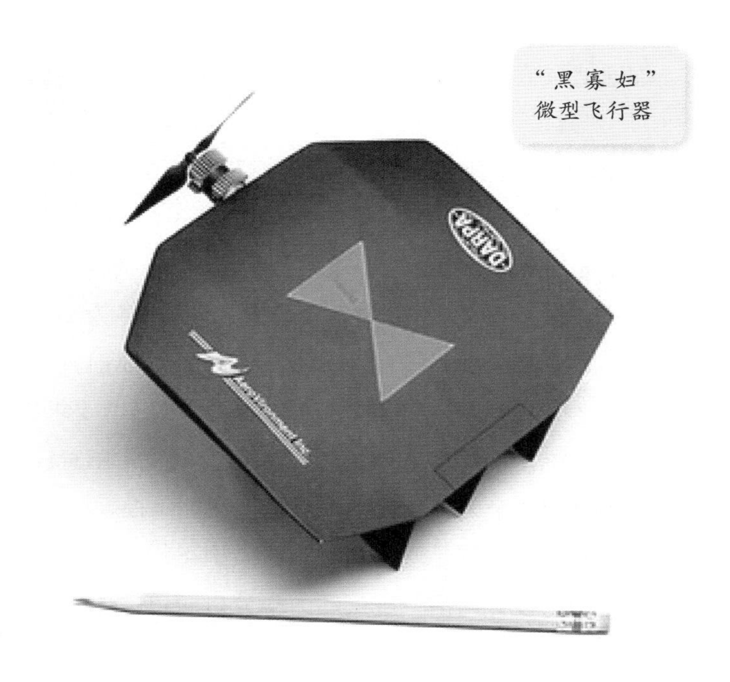

“黑寡妇”
微型飞行器

“微星”微型飞行器

试飞其留空时间为16min，最大飞行速度70km/h。根据实际要求，还可以添加通信系统和导航设备。Black Widow代表了目前微型飞行器的较高技术水平。

“微星”（MicroSTAR）是桑德斯公司研制的固定翼微型飞行器。设计重量100g，总电功耗15w，机身重7g，处理/存储电子组件重量6g，照相机/镜头总重4g。电动机及其螺旋桨总重20g，功耗9w，而原来分配的数值分别为13g、7w。最大的一个重量配额是44.5g的锂电池。

该微型无人机的典型飞行任务航时将为20 ~ 60min，飞行距离大于5km（或者在视距控制下增加一倍）。其巡航速度一般为56km/h，高度为15 ~ 90m。“视景”（Vision）VV5404传感器要求提供质量足以识别一般人大小目标的图像，它将通过哈里斯公司的PRISM无线电通信链路把信息传送到由两块个人计算机卡构成的地面控制板。

旋翼和扑翼是厘米和毫米级微型飞行器最适合采用的飞行方式。其中旋翼机结构设计简洁，空气动力学分析简单，加工制作相对容易，而扑翼机的研制困难更大一些，研究者力图通过仿生学的研究找到解决问题的途径。下

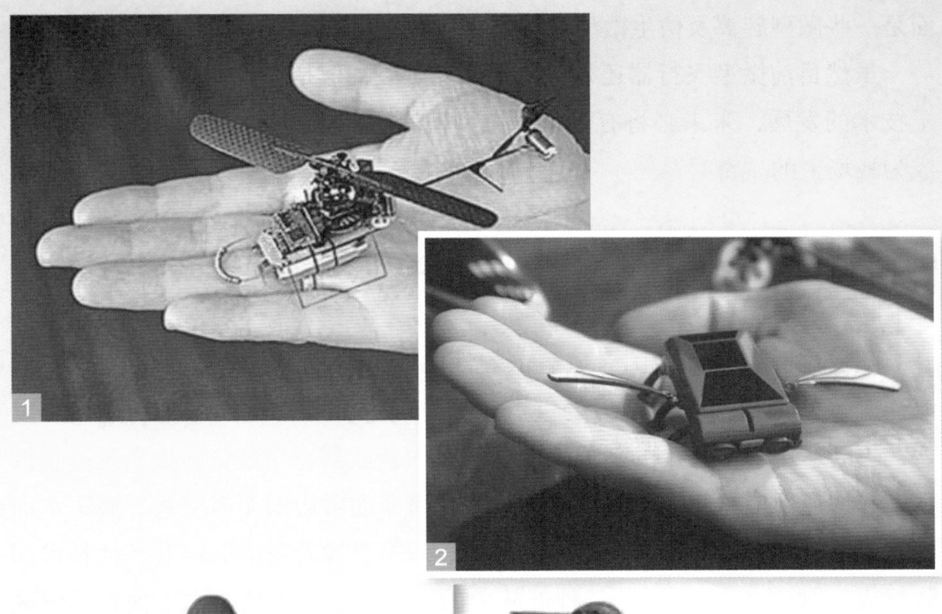

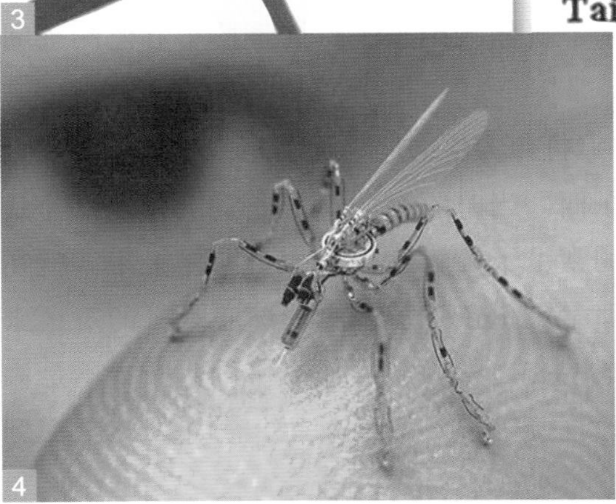

1. 挪威 PD-100“黑黄蜂”微型直升机

2. 美国空军 MAV 小组开发的扑翼式微型飞行器

3. 美国航空环境公司研制的纳米蜂鸟扑翼式无人机

4. 美国仿生昆虫间谍机器人

面是一些微型旋翼及仿生微型飞行器。

虽然目前微型飞行器还处于初始研究阶段，但是随着纳米技术以及微电子技术的发展，未来必将有大量的微型侦察机器人诞生并且投入战场使用，成为战场上的“奇兵”。

水下侦察机器人

随着国际贸易和各国对航运依赖性的日益增大，占地球总面积71%的海洋开发逐渐成为各国角力的重点。濒海国家都非常重视海军的建设和发展，不断运用科学技术的新成果发展海军的新武器、新装备，提高统一指挥水平和快速反应、超视距作战能力。现代海军通常由海军航空兵、海军水面舰艇部队、海军潜艇部队、海军陆战队、海军基地警备部队以及其他特种部队组成。“蛙人”作为海军特种部队中的重要力量，担负着水下侦察、爆破和执行特殊作战等任务。作为海军特种部队突击兵，“蛙人”经常在战争中执行第一线的危险侦察任务。

在和平年代，各国在海洋上的角力主要都是看不见硝烟的战争，比如侦察与反侦察等。频繁的对抗需要水下的第一手资料，但是在这种对抗中一直出动“蛙人”部队是不现实的，因此各国研发了各种各样的水下无人潜航器，也就是我们在上文中提到的水下机器人。除了之前已介绍过的扫雷机器人之外，更多的水下机器人用来进行情报搜集和监测等间谍任务。

据央视报道，海南岛上一位靠打鱼为生的船老大黄运来于三年前在近海打鱼的时候渔网捞到一个怪东西。当时收网的时候非常沉，他以为是一条难得的大鱼，在两个船工的帮忙下才将这条“大鱼”捞上来。就在众人使劲往上捞的时候，似乎那条大鱼还翻了个身，满心欢喜的黄运来和船工们更有劲了，齐心协力把网捞出海面，可仔细一看，根本不是大鱼，更像是鱼雷。渔民本来打算直接扔了，但是又担心爆炸因此上交到当地部门。

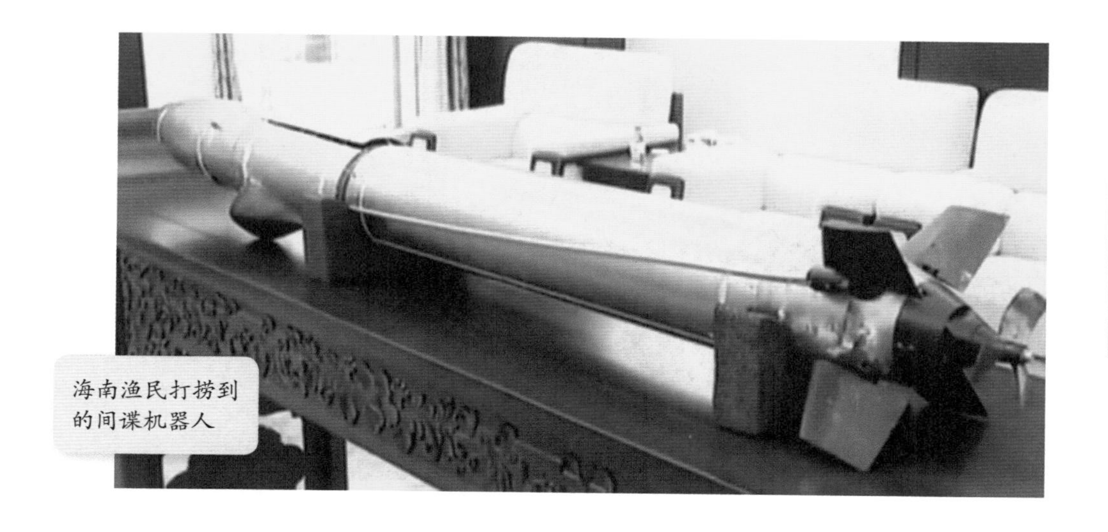

海南渔民打捞到的间谍机器人

国家安全部门以及有关的技术权威部门对它进行了技术分析，确定它是一个伪装成鱼雷的间谍装置，其实就是一个缆控水下机器人，也大概确认了这个装置的功能和用途：具有水下照相和光纤通信、卫星通信等功能，可以把水下摄取的目标或者其他物体通过光纤传输到卫星上。经过多方查证，这个海底无人潜航器不是我国制造和使用的装备，应该是某国海军在我海域秘密投放的，专门针对海洋水文环境的一种新型技术窃密装置，造型轻便，性能先进，功能强大，既能搜集我重要海域内各类环境数据，又能探测获取我海军舰队活动动向，实现近距离侦察和情报收集任务。

2014 年美国海军在位于弗吉尼亚海滩的基地举行了水下机器人“幽灵泳士”的航行试验，并对外公开了试验画面。“幽灵泳士”外表犹如一条金枪鱼的小型版，重约 45kg，潜航深度为 25 ~ 91cm，系“无声尼莫”项目的一环。根据此前报道，这种水下机器人能够悄然游进敌对水域并传回对方船只的行动信息。美国海军希望这种间谍鱼获得实际应用，帮助人类执行危险任务。

由美国海军研究所资助研发的 Robojeiiy 仿真水母机器人可在水里像真

美军研制的“幽灵泳士”水下机器人

Robojeiiy 仿真水母机器人

正的水母一样游动，以氢为燃料，无须外部的电源进行供电。设计者设想将水中的氧和氢以及表面的铂通过化学反应所产生的热量传递到机械水母的人造“肌肉”上，进而使其达到伸缩变形的目的。因此从理论上讲，该机器人的能量是取之不尽用之不竭的，完全可以实现自给自足。目前，这个机械水母可以同时伸缩 8 节身体，研究人员正在考虑如何以更加方便的方式单独控制每一节身体以使水母的活动更加灵活，该机器人设想最终用于水下侦察和营救作业。

2006 年 3 月 2 日，美国东北大学海洋科学中心展出能在水下自动行走的仿生机器人——机器龙虾（BUR-001）。机器人小巧灵活，外形和真龙虾一样，长着能够感知障碍物的触须。实际上这种触须是一种灵敏度极高的防水天线，几只脚上都装有防水传感器，这些构成了它的电子神经系统，使其拥有像动物那样应对真实环境的能力。该机器人拥有 8 条腿，这允许它朝着任意一个方向移动，爪子和尾巴则帮助它在湍急的水流以及其他环境下保持身体稳定性。它能够像真龙虾一样适应不规则的海底，进而在不同的深度敏捷移动，并且在汹涌的波涛和变化的海流面前应付自如。实验表明，机器龙虾一旦投入实战，可以对一些人员很难接近的区域进行侦察，发现目标会自动向指挥所报告，也可以通过一种自动摧毁装置把目标消灭。

作为侦察机器人，最关键的是要具有大脑、耳朵、眼睛。“大脑”是指内部的微型计算机，负责运行程序和控制其他设备；“耳朵”是指先进的无线通信系统，接收操作员发出的指令；而各种传感器就是其“眼睛”，用来感知、侦察外部环境。而这些技术都离不开控制芯片及微电子技术的发展，我国在这方面距离世界先进水平还有一定的距离，只有自己掌握了核心技术，才能在未来国际竞争中立于不败之地。

机器龙虾

13 进攻，所向披靡

在现代战场上，危险系数最高的任务是突击进攻，执行攻击作战任务的士兵通常必须要面对最恶劣的战场环境。影视作品里的机器人如变形金刚、钢铁侠、机械战警等，都具有超强的作战能力，这样才能保护人们不受伤害，完成拯救世界的使命。

各国军队纷纷研发了能够搭载攻击武器、完成攻击作战任务的攻击机器人，主要包括地面攻击机器人、空中攻击机器人、水下攻击机器人等。攻击机器人实际上是一种无人作战平台，即无人驾驶的、完全按遥控操作或者按预编程序自主运作的、携带进攻性或防御性武器、遂行作战任务的一类武器平台。

攻击机器人可代替士兵在恶劣、危险或人不可到达的战场环境执行作战任务，从而减少伤亡、增强战斗力，在未来信息战、城市战、反恐战中将发挥重要作用。

地面攻击机器人

地面攻击机器人是一种小型地面移动作战平台，以轮、履、腿足或组合等多种形式实现地面移动，安装其上的各种探测传感、通信仪器可以识别目标、反馈信息，携带的武器系统通过遥控或半自主方式进行观察瞄准和射击，从而实现攻击作战效能。

攻击机器人可灵活配备各种小型武器弹药系统，完成各种攻击作战任务。武器弹药系统是攻击机器人的火力部分，是机器人具有攻击作战能力的保证。根据不同的作战任务、要求和战场环境，武器弹药系统可以是各种枪械、榴弹发射器、单兵火箭、弹射弹药、智能弹药，甚至自杀性炸弹等。

目前一般是选用现有相关武器弹药系统，通过一定的连接接口安装在机器人上，利用遥控终端进行遥控观察瞄准和发射。这种方式由于受到现有武器弹药系统的限制，会牺牲部分机器人的性能或功能，反过来武器弹药系统的功能和性能发挥也会受到影响。未来的发展将会针对作战任务的需要，研制适配机器人的专用武器弹药系统，使武器和机器人一体化设计、融合集成，从而增强机器人的功能和综合性能，同时也更好地发挥武器弹药系统的功能和性能。

根据携带的武器、战场上扮演角色的不同，作战机器人又可分为单兵作战机器人和班组作战机器人。单兵作战机器人通常可以独自执行作战任务，一般装备手枪、步枪等轻武器，用于城市反恐战。

配备手枪的攻击机器人

配备步枪的攻击机器人

1. 配备机枪的攻击机器人
2. 配备榴弹发射器的攻击机器人
3. 配备火箭筒的攻击机器人

班组作战机器人则是团队作战，各司其职，互为补充，相互照应，如配备机枪、榴弹发射器、火箭筒的作战机器人火力更猛、战斗力更强，同时有自己的看家本领，更适合参与正面战场作战。

机器人参与作战时，一般先由机器人观察捕捉目标，报告目标性质和位置，再由控制指挥中心做出决定，确定射击诸元，下达射击指令，机器人依据指令控制机械手操作枪械、火炮进行射击。

地面无人平台的发展可以追溯到第二次世界大战期间，纳粹德国在东线战场上投入了“歌利亚”遥控爆破坦克。“歌利亚”不算成功的武器，不过它给盟军造成的伤亡还是不小的，原因说来有些黑色幽默——盟军官兵对这个小东西往往感到好奇，看到它朝自己的战车冲过来，往往不是阻击，而是好奇地等着看它是什么东西。

“歌利亚”遥控爆破坦克

最糟糕的是盟军步兵看到这东西，总是忍不住要缴来琢磨琢磨，或者往里面扔个手榴弹，进而引爆了炸药，而周围 50 米直径都是它的杀伤范围。

其中诺曼底一战中，一队美国兵缴获了一个“歌利亚”，美国人很多都是玩汽车的高手，从小喜欢摆弄机械，压制不住好奇心，于是决定拆开看看。结果引爆了炸药，当场炸死美军 50 人，伤者无数，这是“歌利亚”最大的战绩。没有想到，这个小东西成了欧洲战场上最好的饵雷。

随着信息、微机械、微电子、机器人、计算机、仿生和新材料等技术的发展，无人武器装备也就是军用机器人成为世界各国争相研究和装备的热点。美国是世界上对无人武器装备投入最大、研制水平最高、应用最多的国家，并视军用机器人为下一个主要武器装备，其发展水平基本上代表了世界最高水平。同时英、法、德、日、俄等许多国家都进行了大量的研究工作，近年来我们国家的军用机器人技术也取得了很大进展。

配备机枪和榴弹的“魔爪”机器人

TALON“魔爪”机器人由美国福斯特·米勒公司开发，它具有 34 ~ 54kg 的不同底盘配置，可以携带 45kg 以下的任务载荷，便于运输和操作；荷重比大，允许搭载多种传感器阵列；“魔爪 4”的履带可以适应各种地形，如沙地、崎岖不平的路面，可攀爬楼梯、越过石堆、穿过金属丝网、雪地行走等；最新款“魔爪 4”重 76.3kg，控制单元重 20kg，可以实现在 1000m 之外无线遥控。“魔爪 4”的电池充满电后，可连续工作 4.5h，其最快时速 8.3km（即 2.3m/s）。另外，“魔爪”可靠性极高，从高处跌落后仍可继续执行任务。

“魔爪”军用机器人可以执行拆除简易爆炸装置、侦察、操作 CBRNE 等危险品、支援战斗工程和辅助 SWAT/MP 部队等任务。自从 2001 年阿富汗战争和 2003 年伊拉克战争开打后，美军就订购了数以百计的“魔爪”。起先只是拿它们执行清除简易爆炸装置和地雷的高危行动，后来福斯特·米勒公司对机器人进行了改进，将排爆拆弹装置换成了遥控机枪，使其能够在战场上冲锋陷阵。

该机器人采用模块化先进武装机器人系统（MAARS），模块化设计允许插入多种任务组件，可装备 M–16、M–240、M–249 机关枪，并且可以携带诸如反坦克火箭炮、拆弹机械手等。

据美国《陆军时报》报道，作为世界上第一种战斗机器人，“魔爪”已在美军参与的伊拉克和阿富汗战场上执行了数以百计的作战任务，而且作为第一“人”进入福岛第一核电站反应堆废墟所在的建筑，检测这里的环境是否适合工人进入执行抢修任务。

武器研究开发及工程中心（ARDEC）及其技术伙伴福斯特·米勒公司联合开发了具有革命性意义的新型无人驾驶武器系统 Swords“利剑”机器人。该系统运用 Talon 机动机器人底盘作为平台，并在上面加装几种不同的武器系统组合。Swords 是“特种武器观测侦察探测系统”的英文简写，携带有威力强大的自动武器，每分钟能发射 1000 发子弹，是美国军队历史上第一批参加与敌方面对面作战的机器人。

一个 Swords 机器人士兵身上所装备的武器能发挥多名人类士兵的战斗力。Swords 能装备 5.56mm 口径的 M249 机枪，或是 7.62mm 口径的 M240 机枪，

Swords“利剑”机器人

一口气打上数百发子弹压制敌人。除此之外，机器人还能装备 M16 系列突击步枪，M202-A16mm 火箭弹发射器和 6 管 40mm 榴弹发射器。除了强大的武器，机器人还配备了 4 台照相机、夜视镜和变焦设备等光学侦察和瞄准设备。

控制火箭和榴弹发射的命令通过一种新开发的远程火控系统进行，有效控制距离最远为 1000m。这种远程火控系统可让一位士兵通过一种 40 比特加密系统来控制多达 5 部不同的火力平台。Swords 身上的摄像装置可将周围图像传输给操控者，操控者一旦发现图像中有敌方目标出现，就会按动一个按钮，SWORDS 收到指令后便会向目标射击。

由于 Swords 的武器安装在一个稳定平台，加上使用电动击发装置，故其射击精度相当惊人：如果一名神射手能准确击中 300m 外篮球大小目标的话，那 Swords 就能射中同等距离但只有 5 美分硬币大小的目标。Sword 采用交流电、电池或锂离子电池作动力，一次能够运行 1 ~ 4h，时间长短取决于执行的具体任务。

驻伊美军第三步兵师第三旅战斗队已配备 3 台“利剑”机器人。福斯特·米勒公司业务发展主管蒂姆·埃弗哈德称，“利剑”是与军队同时部署的“首个获得安全认证的地面武装机器人”。

角斗士战术无人车（TUGV）由美国卡耐基·梅隆大学研制，已装备美国海军陆战队。“角斗士”高 1.2m，重约 800kg，成本 15 万美元，可搜索、驱散、甚至消灭目标，也可以摧毁各种设施，但前提是得到操纵员的许可。

“角斗士”装备有日 / 夜摄像机，能够 24h 对目标进行侦察与监视；此外它还装备着一套生化武器探测系统。它的武器包括 7.62mm 口径的中型机枪、9mm 口径的“乌兹”冲锋枪。陆战队还准备在它上面装备一套“狙击手发现 / 还击系统”，这样在城市巷战中，它可充当士兵的保镖，伴随士兵打仗。“角斗士”的防护能力也很强，即使身中数弹仍然能够照常执行任务。

“角斗士”机器人

“角斗士”是一个能够遥控的多面手机器人，可以在任何天气与地形下执行侦察、核生化武器探测、突破障碍、反狙击手和直接射击等任务。“角斗士”系统的操纵员控制面板与市场上的游戏机手柄十分相似，士兵们可以通过它向“角斗士”下达指令，战斗时，“角斗士”可冲在最前面，为后续士兵扫清前进中的障碍。

履带式“角斗士”机器人装备有可保障车辆在黑暗中和烟雾中视物能力的摄像机、GPS 定位系统、声学和激光搜索系统、可辨别生化武器的传感器等各种设备，也可根据需要装载各种武器和货物。这是一种非公路型无人地面战车，从理论上讲，履带也可以改换成轮胎。

“角斗士”拥有相当的智力水平，能根据机器视力算法、探测装置融合算法到达指定地点，并能记住所走过的路线，之后丝毫不差地按原路自动返回，也不会陷入临时设置的障碍坑中。

铜墙铁壁的履带战车常常给人一种笨拙沉重、行动不便的印象。而美国 HoweandHowe 技术公司研制的“粗齿锯”履带式无人车以 96km/h 的高速打破了人们的固有印象。

“粗齿锯”MS1

“粗齿锯”MS2

从技术上讲，“粗齿锯”MS1有不少独到之处，主要表现在：一是底盘采用与竞速赛车类似的管架结构，材料为4130（钼－锰合金钢），既减轻了重量又能增加强度，可相应地提高车速；二是主动轮可以快速前后移动位置，使得车辆在越野时即使负重轮向上收缩履带也始终是绷紧的，从而保证车辆高速行驶时不掉履带；三是采用了HoweandHowe技术公司专门设计的履带板，其重量比同等大小坦克的履带板轻90%，而且异常结实耐磨，保证车辆在高速行驶时履带不散架、不脱落；四是采用通用汽车的6.6升Duramax V-8涡轮增压柴油机和新英格兰公司的差速传动装置，不但马力超强，而且能自动将动力依次均匀传输给每一块履带板；五是安装了高性能减震器，配合前面提到的高性能履带，保证其即便从4m高的沟坎蹦下来，也绝对不会有倾覆危险。“粗齿锯”的车身上部一共安装有6个摄像头，能将“粗齿锯”周围360°范围内的情况实时传回指挥车，并分别显示在6个大液晶显示终端上。

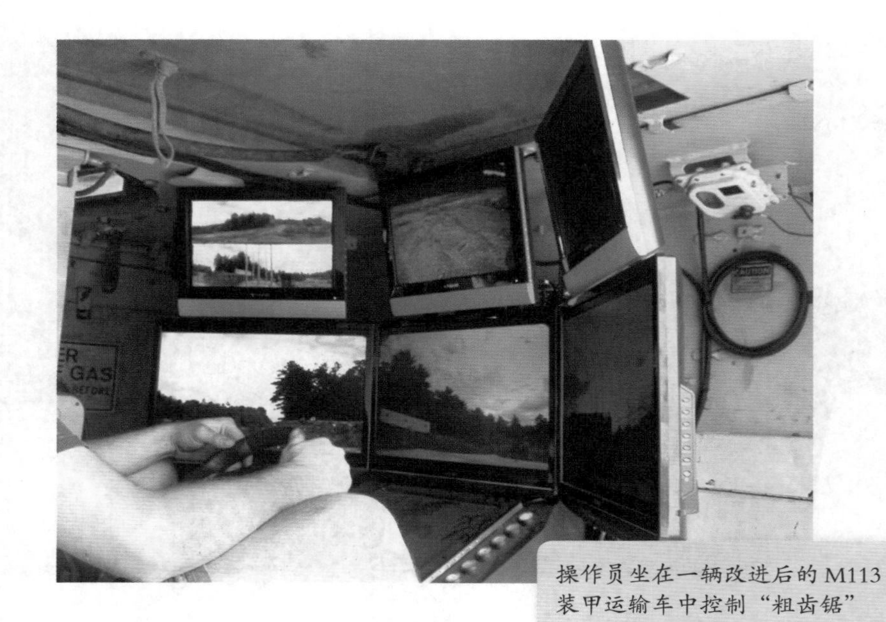

操作员坐在一辆改进后的M113装甲运输车中控制“粗齿锯”

通过两年的测试，美国陆军武器研发与设计中心（ARDEC）认为“粗齿锯”MS1有很大的发展潜力，于是在2007年与HoweandHowe技术公司签订了第一份正式合同，要求该公司对“粗齿锯”MS1继续进行改进，以适应美国陆军对UGV的新标准，并扩大该车的任务范围。2008年，新的“粗齿锯”MS2诞生了。

“粗齿锯”MS2在保留“粗齿锯”MS1特有的技术基础上，变得更大、更快、载重能力更强、模块化程度更高，而且还增加了有人驾驶功能。“粗齿锯”MS2可执行的任务包括车队护航、侦察、基地防御、搜救、边境巡逻、反地雷、反IED、反伏击、火力压制以及反暴乱等。

从2009年年初开始，“粗齿锯”MS2在美国马里兰州阿伯丁车辆测试中心接受美国陆军的一系列性能测试（美国陆军武器研发与设计中心负责提供测试期间的车载武器，包括M240型7.62mm机枪，M134D、M134D-T或M-134G型7.62mm加特林机枪，GAU-19/A型12.7mm加特林机枪等），据称所进行的测试项目都顺利过关，预计不久后将正式装备美国陆军，并将向国外出口。

"粗齿锯"MS2 主要技术性能参数为：空重 4130kg，载重 918kg，车高 1.77m，全车重心距地高 0.7m，车底距地高 0.6m，采用功率高达 650 马力的 Duramax V-8 涡轮增压柴油机，最大速度 96.5km/h，0 ~ 80km/h 的加速时间仅需 5.5s，过垂直墙高 1.07m（混凝土墙）或 1.5m（土墙），爬坡度 50°，侧倾坡度 45°。

伊热夫斯克科学技术研究院为俄罗斯军队创造了 Platform-M 作战机器人。这种装甲机器人装备有榴弹发射器和机枪系统，战士可以通过手持控制器遥控作战。

Platform-M 战斗机器人

Platform-M 是一种通用作战平台，用于侦察、探测和破坏静止和移动目标，如火力支援单位、巡逻和守卫以及其他重要设施。其行动方式有自主和半自主模式，配备了电子光学系统和雷达侦察站，是俄罗斯电子技术和自动化控制技术的最新成果。

根据网络上的图片显示，目前该机器人已经用于俄罗斯潜艇基地巡逻分队的日常执勤过程。根据新闻报道，2015 年俄罗斯在滨海边疆区举行的反恐演习中也使用了该机器人。

国外其他攻击机器人还包括美国的未来战斗系统（FCS）中的 SUGV 小型无人地面车辆、MULE 多用途通用 / 后勤装备车辆、ARV 武装侦察车辆；美国 MESA 公司研制的 MATILDA 单兵机器人；韩国国防科技研究所研制的 XAV 机器人；法国的 TSR200 机器人、DARDS 自动式快速运动侦察演示车

"锐爪"1型履带式无人平台

和用于目标压制的SYRANO无人目标捕获系统等，在此就不一一赘述了。

2014年11月，中国兵器工业集团在第十届中国国际航空航天博览会上首次展出两款"锐爪"无人平台产品。针对敌方力量和作战任务的性质，该平台可选择携带不同侦察或武器装备，以"机械战士"替代人力深入敌后完成反恐任务。当作战人员预判目标区域存在危险时，可先派出无人平台予以侦察确认，一旦目标具有危险，还可用携带的武器进行遥控攻击。

"锐爪"1型履带式无人平台重量为120kg，车身搭载一挺机枪，可进行上下和左右角度调整。在其前方安装有摄像头装置，机枪右侧安装有弹药箱和观瞄设备等装置。"锐爪"1型无人平台可在离主控人员约2km半径行驶，而其本身摄像头还具有1km的探测范围，行进速度可达10km/h。使用电动机驱动的无人平台装备有橡胶履带底盘，一般的小沟、土壕、坡都难不倒它。

别看"锐爪"1型履带式无人平台体型"娇小"，却能在战场上发挥重要作用。该无人平台可以自主安全行驶，完成多通道的通讯及远距离遥控操作武器射击，并实现多种手段侦测。在无人平台上装载机械手，还可以实现排雷、清除爆炸物、扫除障碍等动作，避免了作战人员亲自接触危险物品进而降低伤亡率。

与其配套的是吨位更大的"锐爪"2型轮式6×6式无人平台。它是为满足战场侦察、巡逻、突击、运输等任务而研制的无人装备。“锐爪”2型内部自带了至少两套无人系统：一个是用于监视任务的四轴无人机，一个便是搭载着武器系统的“锐爪”1型。

“锐爪”2型轮式 6×6 式无人平台

“锐爪”2型由人工通过无线电通信链路遥控，遥控站配备有视频显示器、导航控制系统以及操纵机构，可在各种复杂条件下执行侦察、支援战斗工程和辅助作战部队等任务。它能够独立或协同士兵执行特定的战场任务，减少人员伤亡，拓展士兵生理极限和作战区域。

无人攻击机

无人驾驶飞机（UAV）已经成为现代军事航空装备发展的重点之一，而能够实现侦察和攻击功能的无人作战飞机（UCAV）的兴起，则实现了无人机平台由侦察兵向战士的转变，其在技术和战术上的发展必将改变未来空中作战体系的构成。

美军是世界上无人作战飞机应用最广泛、技术最发达的国家，在其作战计划中，无人机作战主要用于以下几个方面。首先作为诸兵种合成部队的成员之一，无人机系统在决定性的、集成化的空地一体战中支援近距离战斗。通过火力和机动，无人机系统接敌并予以消灭。空中或地面的机动作战计划与武装无人机系统实现高度集成。其次在陆军或联合火力体系内，无人机系统和攻击型直升机使我们的勇士将战斗延伸到建制内或提供支援的传感器所能探测的最大距离上。为实现削弱、压制和摧毁敌军战斗能力的意图，无人机系统的电子攻击（EA）对人员、设施或装备实施攻击。最后在无人机系统作战运用中，突击任务与遮断攻击类似。突击一般用于对火力旅的直接支援。武装无人机系统可以使用直接或间接火力摧毁高价值目标（HVT）。

无人机系统突击或攻击时，可以在最大限度避免载人系统遂行此类任务所冒高风险的同时完成高价值攻击或突击。遂行突击时，火力旅得到联合火力的火力加强，辅以攻击航空兵的支援（包括ERMP），进行陆军精确火力打击。突击要求连续的即时定位和打击，并在作战地域（AO）全域对指挥官所关注的时敏性目标进行毁伤评估。

目前美军在阿富汗战场部署了300多架“捕食者”和“死神”无人机，执行了多次“斩首行动”和定点清除任务。例如，巴基斯坦塔利班首领哈基穆拉·马哈苏德就是遭到美军无人机袭击身亡的。这名绰号“智者”的巴基斯坦塔利班头目出身司机，以爱开玩笑著称，在巴基斯坦塔利班有较高威望，美国先前悬赏500万美元追查他的行踪。按照一些消息人士的说法，无人机向丹达达尔帕海勒村一座院落发射4枚导弹。当时马哈苏德正与25名巴基斯坦塔利班头目开会，商讨与巴基斯坦政府谈判事宜。当地媒体援引官方和塔利班的消息说，有超过20人在袭击中死亡。

无人作战飞机系统是一个包含众多新技术的复杂系统，其关键技术包括飞机总体技术、气动技术、推进技术、隐身技术、先进材料与结构技术、武器火控系统技术、通讯技术、武器及机载设备的小型化技术等多个方面。

各国对固定翼无人作战飞机投入的研究精力较多，发展较为成熟；而旋翼无人作战飞机近年来也取得了很大进展。

“捕食者”是美国通用原子公司在其“纳蚊”750无人机的基础上为美国空军研制的中空长航时无人驾驶飞机，大小相当于F-16战斗机的一半。该无人机主要用于小区域或山谷地区的侦察监视工作，可为特种部队提供详细的战场情报。

该机于1994年作为美国国防部的先进概念技术验证项目（ACTD）开

携带激光制导炸弹的美军“捕食者”无人机

始研制，7 月首飞。1995 年 7 月，曾被部署到波斯尼亚上空收集情报，为联合国战场指挥部及时提供所需情报，并监视和中转显示敌方行动的图像，同时还可跟踪运动中的地对空导弹系统。1997 年该项目被移交给美国空军组建第 11、第 15 和第 17 侦察中队，是美国国防部第 1 个转化为军事用途的 ACTD 项目。

“捕食者”无人机巡航速度 126km/h，续航时间 40h。该机最初的任务主要是侦察，美国空军编号为 RQ-1。2001 年 2 月，美国空军为该机增加了激光瞄准器和“海尔法”导弹发射能力，使其具备了对地攻击能力。2002 年 2 月 1 日美国空军正式将该机的编号改为 MQ-1(M 代表多任务)。1 架“捕食者”无人机价值 450 万美元，1 个完整的系统包括 4 架无人机和 1 个地面站控制站，总价值为 3000 万美元。美国空军共装备有 12 个完整的“捕食者”系统，共48 架无人机，组成3 个侦察中队。在伊拉克战争中，“捕食者”曾与米 -25 交战，成为第一种直接进行空空战斗的无人机。

MQ-9“死神”无人机是通用原子公司在 MQ-1“捕食者”无人机基础上

“死神”无人机

研发的一款尺寸更大、能力更强的无人机。采用涡桨发动机，垂尾由倒V形改为V形，改善了飞行高度、速度、任务载荷和航程等性能。2003年10月初首飞，原名“捕食者B”，2006年9月12日被美空军正式命名为“死神”。它是一种极具杀伤力的新型无人作战飞机，可同时执行情报、监视与侦察任务。

MQ-9可以在13000 ~ 15850m高度飞行，其翼展达20m，载重量1360kg。如此大的载重量使其可携带重量较大的武器参战，如8枚“海尔法”导弹，因而战斗力大增。该机可携带GBU-12“宝石路”Ⅱ激光制导炸弹、AGM-114“地狱火”空地导弹、空空导弹和GBU-38联合直接攻击弹药。通常每架MQ-9配备一名飞行员和一名传感器操作员，在地面控制站内实现作战操控。飞行员手中操纵着控制杆，同样拥有开火权，还要观测天气，实施空中交通控制，施展作战战术。当MQ-9执行空中巡逻作战任务时，一般会出动4架飞机，由一个地面控制站和10名机组人员配合操控。

2007 年 3 月 13 日，MQ-9 被正式部署到位于美国内华达州的 Creech 空军基地。2007 年 9 月 27 日，MQ-9 被派往阿富汗执行作战任务，一个月后执行了首次空中打击任务。10 月 27 日、11 月 6 日，MQ-9 分别向阿富汗武装分子发射了一枚“海尔法”空地导弹和一组激光制导炸弹。截至 2008 年 3 月，美军利用 MQ-9 机载“海尔法”空地导弹和 500 磅激光制导炸弹对阿富汗境内 16 个目标实施了打击。2008 年 7 月，空军表示自 2007 年 9 月 MQ-9 在阿富汗巡逻以来，共出勤了 480 架次和 3800 飞行小时。同时，美国空军的 MQ-9 投入伊拉克作战任务。

X-47 无人实验机项目是美国国防高等研究计划署的联合无人战斗机系统计划（J-UCAS）中诺思洛普·格鲁曼公司的投标机型项目，绰号“飞马”（Pegasus），目前其型号有 X-47A 和 X-47B。

X-47A 无人机

美国 X-47B 无人机成功降落在乔治·布什号航母上

X–47A 采用了类似风筝的气动布局，机翼前缘后掠角 55°，后缘前掠角 35°，采用单发动机布局，发动机进气口位于机身上方前部。其设计特点是有 6 个操纵表面、2 个升降副翼和 4 个嵌入面。嵌入面是一种小型的可收式控制表面，用以代替分段方向舵，提供方向安定性。与机翼后缘采用的分段方向舵相比，嵌入面具有较小的雷达反射截面积。2004 年 2 月 23 日，X–47A 成功完成了历时 12 分钟的首次试飞。

随后，诺思洛普·格鲁曼公司与洛克希德·马丁公司联手推出了 X–47B。与 X–47A 相比，X–47B 的体积更大，作战能力也有质的提高。X–47B 机身长 11.63m，翼展 18.92m，折叠后 9.4m，高 3.1m，空重 6.35t，最大起飞重量 20.215t，采用普惠 F100–220U 涡扇发动机。设计时速可以达到 800km，最大飞行高度可达 12000m。X–47B 是人类历史上第一架无需人工干预、完全由电脑操纵的无尾翼、喷气式无人驾驶飞机，也是第一架能够从航空母舰上起飞并自行回落的隐形无人轰炸机。

X–47B 于 2011 年 2 月 4 日在美国加利福尼亚州爱德华兹空军基地首飞成功。飞行测试共持续了 29min，飞机最高爬升到 1500m 左右的高度。2013 年 5 月 14 日，美国海军首次从“乔治·布什”号航空母舰上弹射起飞一架 X–47B 无人机并获得成功。2013 年 7 月 10 日，一架 X–47B 型无人机降落在“乔治·布什”号航空母舰上。X–47B 无人驾驶飞机具备高度的空战系统，可以为美军执行全天候作战任务提供作战支持。

“神经元”无人机项目由法国领导，瑞典、意大利、西班牙、瑞士和希腊参与。“神经元”无人机长约 10m，翼展约 12m，与“幻影 2000”相当，最大起飞重量 7t，有效载荷超过 1t；采用 1 台“阿杜尔”（Adour）发动机，飞行速度约为 0.8Ma，续航时间超过 3h，具有航程远、滞空时间长等特点。该机具有低可探测性，显示在雷达屏幕上的“神经元”尺寸不超过一只麻雀；采用飞翼布局，大量使用复合材料，安装 2 个内部武器舱，携带数据中继设备，并可能装备 1 台雷达。它可以在不接受任何指令的情况下独立完成飞行，并在复杂飞行环境中进行自我校正，此外在战区的飞行速度超过现有一切侦察机。法国国防部称其开创了新一代战斗机的纪元。

“神经元”无人机

2012 年 11 月，“神经元”无人机在法国伊斯特尔空军基地试飞成功。2015 年 3 月，“神经元”无人战机进行了第 100 次试飞。本次挂弹试飞，说明该机可能已经进入武器测试阶段。

“彩虹–4”无人机是在“彩虹–3”基础上由我国自主研发的一种无人驾驶飞行器。“彩虹–4”无人机中程无人机系统的主要装备构成有中程无人机、地面车载遥测遥控站和地面保障设备。该飞机装有照相、摄像等装置和 SAR 雷达及通信设备，除了常规侦察以外，还可以挂载精确制导武器，对地面固定和低移动目标精确打击。

“彩虹–4”拥有 4 个武器挂架，这种结构与美军现役大型无人攻击机 MQ–9 类似。“彩虹–4”最大载弹量为 345kg，可以在最外侧两个挂架上各携带一枚约 100kg 重的 FT–5（飞腾–5）轻型精确制导炸弹。另外，根据参展方的介绍，“彩虹–4”飞行高度达 7 ~ 8km，飞行速度可达 250km/h，飞行时长超过 40h。通过防干扰数据链，“彩虹–4”拥有 250km 的控制半径，如果加装卫星数据链，则可达到 2000km。

“彩虹–4”气动布局优良，拥有接近 1.0 的巡航升力系数，升阻比系数不弱于美国的“捕食者”无人机。“彩虹–4”无人机不仅在整体上设计先

“彩虹 4”无人机挂载多型武器试飞

进，同时还具备近年来非常时髦的察打一体能力，是现阶段我国对外军贸领域最先进的察打一体无人机。在其主配弹药 AR-1 导弹的性能指标中，也有一个与其巡航高度匹配的数据——最大发射高度 5000m。要想真正实现 5000m 高度巡航作战，还要看侦察载荷是否“给力”。在这方面，“彩虹-4”同样做得非常到位。该机的侦察载荷有两个，其中光电平台内集成有可见光、红外、激光测距、激光指示功能，对中型坦克类目标最大探测距离为 15km，可对目标实施全天时观察；如果遇到云层干扰，则可以使用机载小型合成孔径雷达，最大探测距离约为 50km，最高分辨率达 0.5m，可有效识别战场上的常见目标。“彩虹-4”的无人机平台与侦察攻击载荷完美匹配，成功实现了 5000m 高度作战，并能做到在这一高度上即察即打。这种能力不仅大大提高了无人机战场生存概率，而且在提高打击效能方面也有重大意义。

当前，在军用飞机出口领域，传统的战斗机、攻击机等作战飞机的市场已经近乎饱和，一些亟待更换作战飞机、却无力购买新型战斗机的国家纷纷选择了兼具教练和攻击功能的教练机。但即使是兼具攻击功能的教练机，价格对于这些国家也是不菲的，以前日本出口加纳的“超级巨嘴鸟”为例，其单价就已经达到了1500万美元左右，这远远超过了一套“彩虹-4”无人机基本系统的价格。

就这些国家的空军而言，其“存在”的意义要远大于战斗。由于没有太大的空中威胁，他们基本不会进行防空作战，其主要作战对象多为国内的反政府武装或是国际恐怖主义势力等游杂武装。在这种情况下，仅需要空军具备有限的对地支援能力即可，而对于这种治安作战，“彩虹-4”的挂载能力足以应付，毕竟游杂武装的性质决定了其不会有太多重要目标需要空中力量去解决，即使遇到了极端情况，也可分时段操纵多架“彩虹-4”解决。

“翼龙”无人机是我国自主研发的一种中低空、军民两用、长航时、多用途无人机。该无人机装配一台活塞发动机，具备全自主平台，可携带各种侦察、激光照射/测距、电子对抗设备及小型空地打击武器。可执行监视、侦察及对地攻击等任务，也可用于维稳、反恐、边界巡逻等。此外，还被广泛应用于民用和科学研究等领域，如灾情监视、缉私查毒、环境保护、大气研究以及地质勘探、气象观测、大地测量、农药喷洒和森林防火等。

“翼龙”无人侦察机于2005年5月开始研制，2007年10月完成首飞，2008年10月完成性能/任务载荷飞行试验，2015年1月首次编队飞行。

“翼龙”无人机采用正常式气动布局，大展弦比中单翼，V型尾翼，机身尾部装有一台活塞式发动机，机翼带襟翼和襟副翼，V尾没有方向/升降舵。采用前三点式起落架，具有收放和刹车功能。机体结构选用铝合金材料，天线罩采用透波复合材料。机身长9.34m，翼展14m，机高2.7m，“翼龙”飞机的展弦比较大，因此升力较大、诱导阻力较小，巡航升阻比较大，可以长时间在空中滞留。

“翼龙”无人机

“翼龙”无人机不仅具有远距离长航时侦察能力，还可以对敌目标实施精确打击。既可空投炸弹，又可发射轻型导弹。该机总有效载荷能力为200kg，其所配前视红外传感器重约100kg，所以每个翼下还可各挂重50kg的弹药。

“翼龙”无人机出口国家一般为发展中国家，特别是第三世界国家。据美国媒体报道，阿联酋、巴基斯坦都对该无人机进行了采购。而沙特在无法得到美国的“捕食者”无人机后，经过对“翼龙”无人机的评测，认为其完全达到了沙特使用要求，并且与中国达成了该型无人机的订单。

“利剑”隐身无人攻击机是由中航工业沈阳飞机设计研究所主持设计、中航工业洪都公司制造的。于2009年启动，经过3年试制，于2012年12月13日在江西某飞机制造厂总装下线，随后进行了密集的地面测试。

2013年5月进入地面滑行测试，2013年11月21日，“利剑”隐身无人攻击机在西南某试飞中心成功完成首飞。继美国的X–47B无人机和欧洲“神经元”无人机之后，中国成为世界第三个试飞大型隐身无人攻击机的国家。这意味着中国已经实现了从无人机向无人作战飞机的跨越，其重大意义不亚于歼–20等新型第四代战机的试飞。

“利剑”无人机在跑道上滑行

“利剑机”身长 10m，翼展 12m，机翼折叠宽 6m，空重 3t，最大起飞重量 10t，最大速度 1Ma，续航时间 3h，飞翼布局，采用复合材料具高度隐身性。有 2 个内部武器舱，可携带炸弹 2t 或各型 YJ、PL 导弹 6 ~ 12 枚，配备计算机自控系统、相控阵雷达、光电瞄准具、摄像系统，还可以携带数据中继设备、电子战设备等，机翼装有副翼，机动性高。

“利剑”无人机符合隐身化、智能化、精确化和无人化这样一个世界军用航空未来发展的趋势，能够为海军完成侦察任务及提供长程打击能力，在战略上具有重要意义。

除以上介绍的无人机外，还有处于研制阶段的“战鹰”“暗剑”等无人机，相信未来我国的无人机队伍将不断壮大。

无人舰艇与水下机器人

除了陆空战场外，近些年来随着导航与无人驾驶技术的进步，各国相继开发了无人攻击舰艇和带攻击功能的水下机器人。无人舰艇和携带攻击载荷的水下机器人的研究因为尚未投入过实战，大部分还处于实验室研究

"黑鱼"无人安防快艇

阶段。

海军舰艇在近岸水域和海港活动时，最难探测到的威胁莫过于游泳者、潜水员和小艇。虽然潜水员外加受训过的海豚是探测这些威胁的最佳方法，但其既不能不休不眠地持续工作，也不能随时都携带充足的武器装备以应付攻击。"黑鱼"无人驾驶海事安防艇以雅马哈 WaveRunner 底盘作为基础，由机器人负责掌舵和操控元件，并可选装水下摄像机、非致命性的声学武器和可致危险分子暂时失明的激光炫目装置。

2013 年美国海军成功设计出一款能够实现隐形名为"月食"（Eclipse）的无人巡逻艇，该艇长度仅有 10.6m，类似小型战舰与隐形轰炸机结合体的外形使得该艇可以实现 24h 隐形。这艘巡逻艇是世界首支"远程控制机器艇舰队"中的一员，该舰队中的船只全部通过远程控制，能够在执行一些比较危险的秘密任务时，有效避免己方船员伤亡。"月食"能够以约 96km/h 的速度巡航，活动范围达到约 1100km，加一次油就能维持长达 10d 的低速航行，同时配备了两台由劳斯莱斯生产的 500 马力发动机，艇身上的高清摄像机能将巡航时的周围环境发送回监测站，此外红外摄像机不仅能让其实现夜间巡航，同时还能对一些放射性化学物质、水雷和海床进行探测分析。巡逻艇上还装备了各种武器，包括一台大功率的水炮和一架口径 50（相当于 12.7mm）的机关枪等。

“月食”无人巡逻艇

“海燕”水下机器人

我国自主开发的“海燕”是一种水下滑翔机，利用机翼和浮力变化可将垂直运动变为水平运动。与传统的鱼雷形状水下无人潜水器相比，虽然速度减缓（时速 4 节）但能源充足，从而拥有更长的持续工作时间。该机器人长度为 1.8m，直径为 0.3m，重约 70kg，设计最大工作水深为 1500m，最大航程为 1000km；融合了浮力驱动与螺旋桨推进技术，不但能实现和无人无缆潜水器（AUV）一样的转弯、水平运动，而且具备传统滑翔机剖面滑翔的能力，即进行“之”字形锯齿状运动；采用了最新的混合推进技术，可持续不间断工作 30d。此外，“海燕”号的负载能力为 5kg，并通过扩展搭载声学、光学等专业仪器，可在海洋观测和探测领域大显身手。由此可见，未来武装版“海燕”的出现将使得诸如越南实施的“蛙人”干扰战术彻底失效，中国水下战斗机器人将如同鲨鱼般在钻井平台四周巡逻，一旦察觉越南“蛙人”靠近，它们将自动展开攻击。

目前水下攻击机器人和无人攻击舰艇大多还处于研究阶段，但是随着机器人技术的快速发展以及未来战场趋势的要求，必将有越来越多的无人舰艇投入各国军队服役。

相信未来相当长一段时间内，作战机器人将是各国军工企业的研究重心。我们必须重视机器人的研究和开发，同时促进军民融合，调动积极性，发挥创造性，从而在未来战争中占据主动性。

14 排爆，我是专家

在现代战争和恐怖主义活动中，炸弹袭击始终是一个令人头疼的问题。据统计，目前美军在伊拉克的人员伤亡中超过70%是由路边炸弹爆炸造成的。2012年，全世界发生的恐怖袭击事件共计达到25903起，其中炸弹袭击高达13739起，占到全部恐怖袭击的53%。除了炸弹袭击，世界上许多经历过战乱的国家都散布着各种没有爆炸的炸弹和地雷。海湾战争之后，在伊、科边境一万多平方千米的地区内，有16个国家制造的25万颗地雷、85万发炮弹以及多国部队投下的布雷弹及子母弹的2500万颗子弹，其中至少有20%没有爆炸。直到现在，在许多国家的土地上甚至还残留有第一次世界大战和第二次世界大战中未爆炸的炸弹和地雷。看过《拆弹部队》的人一定还记得，在战场上每个当地人都像是潜在的敌人，每一个目标都像是伪装的炸弹，美军的巡逻官兵必须小心翼翼，因为一时的不留神就可能付出生命的代价。

为了有效预防炸弹袭击和解决战争残留的爆炸物问题，世界各国都对排雷排爆给予极大重视。可单纯依靠传统的经过专业训练的排爆人员去完成这些工作不仅效率较低同时有地域局限性，因此各国都将目光瞄准了排爆技术装备的研制。随着遥控技术和驱动技术的发展，用于处置或销毁爆炸可疑物的专用机器人诞生了。排爆机器人（EOD）是指代替人到不能去或者不适宜去的有爆炸物威胁的环境中，进行搜索、探测、处理各种爆炸危险品的机器人。

排爆机器人主要执行的任务包括观察和搜索爆炸物、拆除或运走爆炸物及销毁爆炸物。现有排爆机器人检测爆炸物主要通过X射线成像、气相分析探测技术和分子分析探测技术三种方法。由于每一种爆炸物检测方法都有优缺点，因此在机器人上通常都是多种检测手段结合使用以提高检测的范围和可靠性。机器人车上一般装有多台彩色CCD摄像机，用来对爆炸物进行观察；一个多自由度机械手，用它的手爪或夹钳可将爆炸物的引信或雷管拆除并把爆炸物运走；车上还装有猎枪，利用激光指示器瞄准后，它可把爆炸物的定时装置及引爆装置击毁；有的机器人还装有高压水枪，可以切割爆炸物。

近些年，排爆机器人得到了快速发展，各种技术趋于成熟，除了被用于战场排爆，在大型活动如伦敦奥运会、巴西世界杯中也能够见到它们的身影。由于排爆机器人所表现出来的独有优势有效提高了排爆效率，世界各国纷纷投入大量的人力物力进行深入的开发研究。美、英、德等国均已研制出多种型号排爆机器人，我国的排爆机器人研究与国外大约相差20年，经过多年的发展已研究出多种排爆机器人并达到国外同类机器人水平。

Andros F6-A 排爆机器人在夹取可疑爆炸物

美国Remotec公司先后生产了Andros系列和Mini-Ⅱ等排爆机器人。Andros机器人的拿手好戏便是处理小型随机爆炸物。在美国韦科庄园教案中，美军用最早的Andros机器人执行了侦察任务，虽然没有发挥出自己的长处，但是该机器人在这个事件中扮演的可是一个分量十足的角色。海湾战争后，美国海军陆战队也派出了大量的改进型Andros机器人前往沙特阿拉伯和科威特的空军基地，这次它执行的任务是自己的“老本行”——清理地雷及未爆炸的弹药。美国空军还派出5台Andros机器人作为特别处理小队前往科索沃，用于爆炸物及子炮弹的清理。近距离观察最新型的Andros F6–A，可以看到机器人采用活节式履带，这无疑增加了它的越障能力，使它可以行走于各种复杂的地形，同时F6–A还配有四个轮子用于在地势平坦时快速前进。这款机器人采用无级变速，行进速度最高可达5.6km/h，当它将机械臂完全伸展开时，依然可以抓起11kg重的负载。该机器人的眼睛为三个可以在较暗环境中不影响成像的CCD摄像机，也可配置X光机组件（实时X光检查或静态图片）、放射/化学物品探测器、霰弹枪等。

如前文所述，伊拉克战争期间，美军70%的伤亡是由路边炸弹等爆炸物导致，为了有效应对这一威胁，美军向iRobot公司定制了名为“菲多”的嗅弹机器人。当“菲多”机器人在检测爆炸物时，只需要在控制器旁就可以通过显示器看到可疑物体的危险系数和数码图像，这样就避免了士兵近距离接触可疑爆炸物的危险。“菲多”的机械臂长2m，进入车辆内部以及底盘处

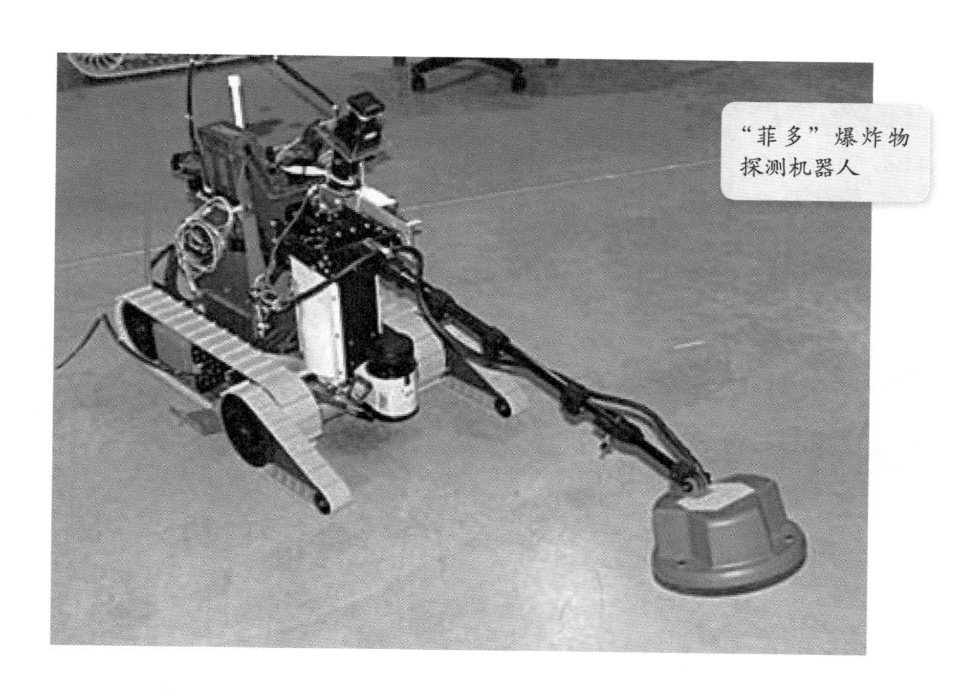
“菲多”爆炸物探测机器人

探测炸弹是它的拿手绝活。同时由于“菲多”的操作系统集成了 Think-A-Move 公司的“鱼叉”语音识别系统，因此士兵可以完全使用语音来操作这台机器人。美国总统布什在美军加利福尼亚的训练中心参观时，也曾经亲自试操作了一台“菲多”机器人。

PackBot 系列机器人绝对是排爆机器人明星中的明星，该系列机器人是由美国 iRobot 公司生产的，是目前投入实战最多、被认为执行任务能力最强的爆炸物处理机器人。该机器人眼力非常好，可以发现并处理多种简易爆炸装置，无论是在检查点对过往车辆和行人进行检查，还是对区域或者道路进行巡查，都十分拿手。此外，PackBot 系列机器人还“长有”非常先进的强有力的机械臂，由军用标准电池为其提供动力。控制单元是一个坚固型的手提电脑与大兵们都非常喜欢的游戏式手柄控制器。该机器人除了可以执行排爆，还可以加装各种其他升级组件，因此不仅是个拆弹专家还是一个“多面手”。该机器人的多功能性使其广受部署在伊拉克和阿富汗的美军和国际联军的欢迎，其受欢迎程度甚至引起了美国战后执法部门的关注。截至目前，PackBot 系列机器人已经生产了约 6000 台，其中美军列装

PackBot 510 机器人和美军一起执勤

了大约4500台，其余1500台列装了美国的35个盟国或者伙伴国，其范围遍及欧洲、中东地区和亚太地区。

美军海军陆战队新型排爆机器人RC2

PackBot 510机器人显然已经足够受欢迎也非常实用，但是战场的复杂性决定了任何机器人都需要不断地进行升级改进，这就是美国海军陆战队的新一代排爆机器人RC2。美国陆军在伊拉克和阿富汗战场上已经使用PackBot 510机器人多年，因此RC2一研发成功便被顺利地部署到相关行动中。RC2和PackBot 510底盘相同，因此海军陆战队可以根据任务需要在机器人的底盘上增加一些新组件，以提高机器人的可操作性、敏捷性、力量性，并增强了机器人的传感器系统和通信系统功能。

机器人“莎莉”（RoboSally）

正所谓“有心栽花花不开，无心插柳柳成荫”，高度灵巧的义肢本来是约翰霍普金斯大学应用物理实验室为被截肢人员研发的，但是现在却被大量地应用于排爆机器人“莎莉”。“莎莉”具有一个四轮底盘和与人类手臂十分相似的机械臂。该实验室通过利用半自动控制的计算机视觉系统帮助操作人员通过配备传感器的手套控制机器人，确保机器人的手臂能够模仿操作人员的抓取动作。传统的爆炸物处理机器人执行末端通常是一个可以打开、关闭和旋转的钳形装置，而“莎莉”有5个手指并且可以独立进行控制。其腕部具有3个自由度，可以实现转动、弯曲以及偏移等动作，能力远远超过目前已经部署的所有排爆机器人平台。

加拿大ICOR公司生产的MK3排爆机器人是排爆任务的最佳选择。MK3具有用途广、成本低、多武器配备以及操作简单等优点。作为一款中等尺寸的机器人，MK3具有较强的拖曳能力以及较好的爬坡能力和行进速度。MK3是一台双机械臂、多功能机器人，配备一个重型机械手和一个双路水泡枪，整机长84cm、宽60.3cm、高56cm，可爬越40°楼梯和坡路，最高拖曳负载113kg。同时采用6×6全轮履带驱动，三级变速，最高行进速度达8km/h，可持续工作3 ~ 5h；监视任务通过机体上6个彩色摄像机来实现。

MK3排爆机器人

由于民族矛盾，英国饱受爆炸物威胁，早在60年代就研制成功排爆机器人。由其研制的履带式“手推车”及“超级手推车”排爆机器人已向50多个国家的军警机构售出了800多台。

随着机器人技术的发展，英国又推出了“手推车”排爆机器人改进型，即“野牛”和“土拨鼠”排爆机器人，

“手推车”排爆机器人

“野牛”（左）和“土拔鼠”（右）排爆机器人

这两种排爆机器人先后在波黑战争和科索沃战争中用于探测及处理爆炸物。

“野牛”属于中型排爆机器人，采用遥控四轮驱动防滑转向装置，灵活性极强，可以携带相当于自重50%的100kg负载。“野牛”由一个永磁直流电动机驱动，电源为酸性蓄电池组，同时可以使用安装的柴油机发电机对电池组进行充电。“野牛”排爆机器人是首次采用同一操作环境的机器人，大大减少了操作员的训练次数和维护费用。

“土拨鼠”重35kg，遥控工作半径约1km，在桅杆上装有两台摄像机，有助于前进和倒车。该机器人的机械臂可以伸展到2m，主要用于对爆炸装置进行鉴定和定位。

英国ALLEN公司生产的Defender排爆机器人是英美联合研制的大型排爆机器人。该机器人通用性好、可靠性高，可以处理核生化装置。Defender由6轮独立驱动，最高速度3.2km/h，可实现原地转向，最大爬坡度为45°，机械臂完全伸展时可抓取负载30kg。该机器人采用分布式电子结构、扩展的光谱射频遥感测量装置，具有有缆遥控和无线遥控两种控制方式，控制半径达2km。

Defender排爆机器人

Telemax EOD是德国COBHAM公司制造的多功能排爆机器人。它设计精巧，结构巧妙。四条履带行走齿轮和两轮独立驱动技术赋予其灵活的行走能力，可以爬越45°坡，跨越0.5m宽度障碍，标准速度4km/h，最高可达10km/h。机械臂可以通过编程进行控制进而完成

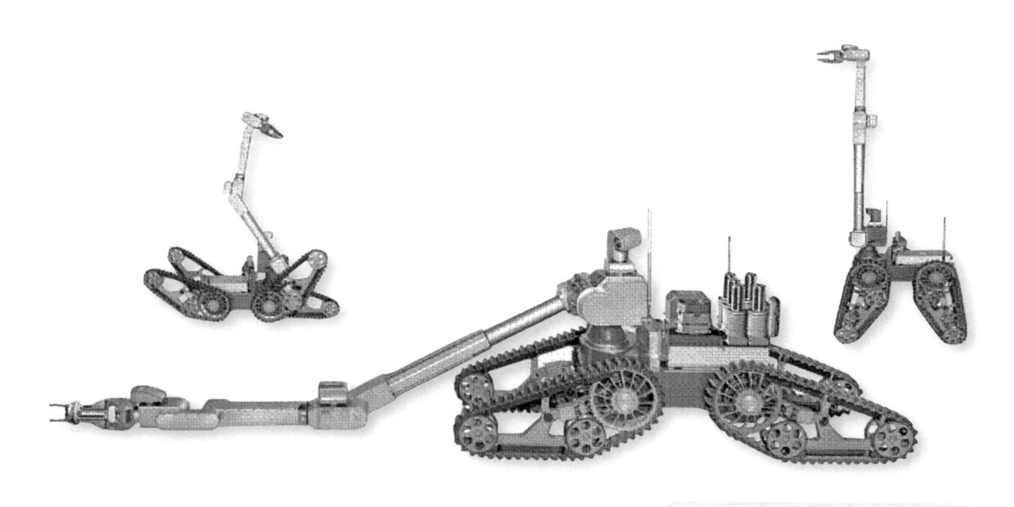

Telemax EOD 排爆机器人

一键式动作，强有力的手臂可以抓起最大 5kg 的负载。机械臂具有转台和线性轴，灵活性极强，通过调节伸缩臂和底盘高度可具有较大工作空间，水平抓取距离 1.5m，垂直抓取高度 1.95m。机器人配有两个可以自动交换工具的工具库，在镍镉或锂电池供电的情况下可以连续运行 2 ~ 4h。底盘上可以加装多种爆炸可疑物摧毁器。操纵人员可以通过远程控制器操纵机器人完成伸展手臂、抓取物体、处理或转移到指定位置等动作。

我国机器人技术起步较晚，但是发展较为迅速，研发出了一批具有先进水平的机器人。其中我国自主研发的“灵蜥”系列排爆机器人代表了国内排爆机器人的先进水平。“灵蜥”系列机器人由复合履带驱动，配备有强力的多功能作业机械手，摄像头采录的图像和视屏可以通过无线（有线）传输到控制单元。机器人自重 180kg，最大行进速度 2.4km/h，三段履带式的设计可以使机器人平稳通过小于 40° 的斜坡和楼梯以及跨越 0.4m 高的障碍物。配备的一只四自由度机械手最大作业高度达 2m，机械臂完全伸展时可抓取负载 8kg。同时机器人还装有 2 台摄像机用于观察环境和控制作业。

此外，“灵蜥 –A” 排爆机器人还配备了自动收缆装置、机器人便捷操纵盒、高效电池等。操纵盒配有液晶显示器，可以实时观察机器人运动和作

灵蜥-B（左）和灵蜥-A（右）排爆机器人

业情况。该机器人具有有缆操作（控制距离100m）和无缆操作（控制距离300m）两种控制模式，可以根据任务需求进行切换。

2010年发布的“龙卫士”DG-X5是新一代DG-X系列便携式排爆机器人，其卓越的性能代表了目前国内排爆机器人最领先的技术。DG-X系列便携式排爆机器人用于处置、转移、销毁爆炸可疑物品及其他有害危险品。标配多种传感器，如多路现场图像和双向语音等，能实时传输现场环境信息。

DG-X5排爆机器人底盘采用变位履带行走机构，可以在各种地形环境工作，具有良好的场地适应性，能在草地、沙地、雪地、泥泞、卵石地面高效运动，能适应40° 以上坡面和38° 以下楼梯等各种复杂地形。最大运行速度达0.8m/s。DG-X5排爆机器人完全基于模块化结构设计，提供通用扩展接口，能根据任务需要进行拼接实现不同功能。OCU控制单元采用高亮度显示屏、一体化工控机、高抗震性，良好的人机界面便于操作。

DG-X5 排爆机器人

JW-902 排爆机器人

JW-902 排爆机器人机械臂最高伸展 3.2m，可以将可疑爆炸物轻松置于高 1.8m 的车载防爆罐中，机械臂最低可水平伸出距地面 0.2m，可以伸入车底拆取可疑爆炸物。机械手最大张开距离 0.5m，可以进行 360° 纵向旋转和 90° 横向旋转，机械手上可以根据任务卡装不同负载。机器人自重 270kg，最大抓取负载 15kg，最大移动速度 2.4km/h，采用履带驱动机构，可以原地转向，爬坡角度最大可达 40° ，具有良好的地形适应能力。同时具有 X 光机视频传输系统，采用光纤传输，具有传输信号清晰、传输容量大以及可靠性高等特点。

排爆机器人作为较早投入战场实战的机器人，在经历了多场战争的洗礼后，其各项技术更加成熟。全面采用排爆机器人替代士兵完成拆弹及弹药销毁工作必然在未来几十年甚至十年内成为现实。同时由于排爆机器人军警两用的特性，其巨大的市场空间必然促进排爆机器人技术的进一步发展。

15 全能，辅助之王

上文介绍的侦察机器人、攻击机器人以及排爆机器人是军用机器人的主力作战部队，但是同军队一样，只有作战部队是无法胜任一场战争的，因此军用机器人家族中还有许多的非作战型机器人。它们或用于战场救援伤兵，或用于执行巡逻警戒及后勤物资保障。虽然这些机器人不是用于直接作战，但是它们完成的任务也是非常危险的，是军用机器人家族不可或缺的一部分。

战场救援机器人

在战争中，士兵受伤是常有的事，但是在救援伤兵时往往会因为火力掩护不够或者防备不足导致更多的士兵受伤甚至死亡，进而造成非战斗减员。比如在2005年美军海豹突击队执行的一次四人先期侦察和监视任务“红翼行动”中，为了救援被塔利班武装人员包围的海豹队员，美军派出了由2架MH47“支奴干”、2架AH64“阿帕奇”、4架MH60“黑鹰”组成的强大火力部队前去支援，其中1架“支奴干”途中被武装分子击落，机上8名海豹以及8名160特种陆航团共16人全部阵亡，被救援的4名海豹队员除了1人因火箭弹袭击被炸到山坡下侥幸存活外，另外3名海豹队员全部阵亡，这是美国海豹突击队历史上最为黑暗的一天。

为了降低战场上救援行动的危险性，防止类似的“红翼行动”救援行动造成进一步的非战斗性减员，各国军方都对救援机器人的研究投入了大量成本，并且已经获得了一系列具有代表性的研究成果。

战场救援机器人融合了机器人技术、营救技术以及灾难学等多学科，救援机器人在参加战场搜救与救援过程中优势明显，可以有效提高救援效率。

一是在进行救援行动时，机器人行动可以有效减少危险环境下医护人员的暴露，从而很大程度上减少在战场高危环境中执行救援任务时造成的非战斗性减员，提高伤病员存活率。二是通过远程医学技术的有力支持和保障，能够使有限的人力资源提供最大程度的后勤保障，显著提高与优化军队后勤力量和水平。三是通过后方控制平台的搭建，多机器人协同任务以及前线与后方的实时有机联系，从而使人力物力等实现高效经济配置。

美国“9·11”事件之后，在陆军上校约翰·布莱彻领导下成立了机器人搜救救助中心（CRASAR）。在“9·11”事件救援行动中使用了多达 8 种机器人：Inuktun 公司的 VGTV、Micro-Tracs 和 Mini Tracs；福斯特·米勒公司的 Talon 和 Solem；iRobot 公司的 PackBot 和 ATRV；SPAWAR 的 URBOT。在救援行动中，这些机器人扮演了重要角色，取得了成功。

Inuktun 公司的 VGTV 和 Micro-Tracs 机器人采用钢化履带驱动，体形小巧，携带 2 个高清摄像头，运动能力极强，可以深入废墟，将废墟深处的影像及时传回地面，在阿富汗战争中屡次立下大功。

Inuktun 公司的 VGTV（上）和 Micro-Tracs（下）

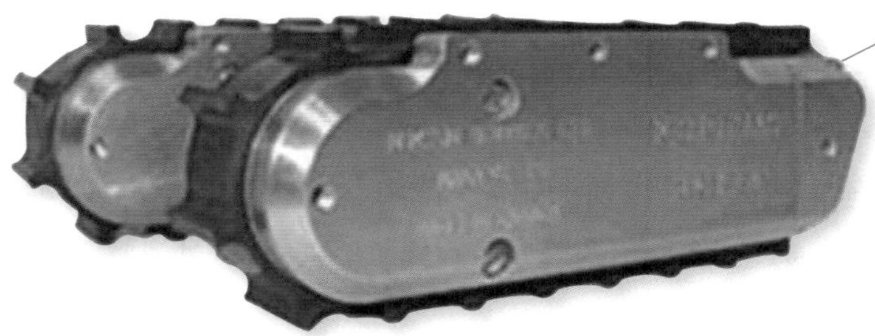

Talon（左）和 Solem（右）

为了解决战场医学和远程医疗中存在的诸多问题，美军联合多家科研单位共同着力研发打造了战场救援机器人系统，力图提高战场伤员搜救效率，为伤员提供全方位、无地域限制的医疗救护和补给。该系统在战场伤员定位、转运和战术性后送等领域的应用，将为美军提供更为健全的战场医疗服务，为作战部队提供强有力的后勤支持和保障。

美军战场救援机器人系统主要包括战术两栖地面支持系统、战场转运服务机器人、战场医学无人机系统三大部分。

战术两栖地面支持系统主要包括大型后送车辆（REV）和小型转运机器人（REX）两部分，主要用于战场伤员的转运和后送。其中 REX 具有一套伤员探测系统，包括彩色摄像机、长波红外相机和射频天线。当射频天线接收到伤员携带的异频雷达收发器发出的信号后，可以通过安装的机械臂将伤员拖曳至担架上转运，然后由配备创伤救护系统并且可以防护轻型武器攻击的 REV 将伤员运至前线医院。该系统配备了战地专用掌上医护单元和后方操控单元，控制人员通过无线通信系统可以实现对系统的远程控制并操作多个机器人车辆协同完成任务。

战术两栖地面支持系统（REV/REX）

由美国 Vecna 公司在美国陆军远端医疗暨先进科技研发中心资助下研制的 BEAR 机器人在该系统中主要负责辅助完成伤员转运任务。BEAR 机器人与一般成年男子体型相近，以单兵突击车为移动平台，躯体上装有两个机械手臂，可以抱起大约 227kg 的负载。该机器人结实耐用、机动性好，独特的

BEAR 机器人在测试中抱起一名士兵

回转平衡技术赋予了它优秀的地面通过性，可以在硝烟滚滚的战场上执行危险的救援任务。

在应用无人车辆执行战场救援任务不断取得成功和突破的同时，将无人机用于战场伤员运输开始成为关注的热点。无人机运输伤员主要是为了在战地医护人员和后方地勤人员合作下，实现在救援黄金时间内对伤员进行有效救治和护理。该系统必须具有自动起飞、航行和着陆功能，Piasecki Aircraft公司和卡内基梅隆大学为该系统合作研发了新型导航系统，可以使无人机在低空安全飞行，同时在未知地形条件下自行评估降落地点并生成接近目标的航迹从而安全着陆。低空自动飞行和降落地点评估选取是无人飞行领域的创举。该项技术可以使未来无人机在未知战地环境运送伤员，并向前方军事据点进行物资补给，还可用于辅助飞行员在恶劣环境下完成飞行任务。

随着医学技术、机器人技术、人工智能的飞速发展，无人车辆与无人机等技术的日益成熟，未来必然诞生更多适用于战场环境的救援机器人，为战场伤员救援提供更为安全有效的保障。

以色列研制的“空中骡子”无人运输机

战场警戒机器人

在各种战争题材影视作品和现实生活中，我们经常可以看到全副武装的士兵日夜不停地在军事设施和机场、港口等进行巡逻警戒。随着机器人技术的发展，用机器人取代士兵执行巡逻警戒任务逐渐成为现实。

为了满足美国三军后勤部门的安全保障需要，美国 Cybermotion 公司研制了一种名为 SR2 的室内警戒机器人。该机器人能够在狭窄的过道中巡逻，只要发现有烟雾或距离其 30m 以内有行人，它就会向指挥中心的值班人员发出警报。

SR2 的改进型是 Mdars-Ⅰ，美国陆军采购了 25 个系统总计 100 台机器人用于美国 18 个不同的军事仓库。Mdars-Ⅰ的最低巡逻速度为 3km/h，一次充电可以连续工作 8h，可以 360° 探测 10m 内的范围。机器人装有微波雷达、热成像仪、红外照明器以及超声波传感器等探测设备，通过无线局域网络与控制站进行通信。

2000 年初，美国机器人系统技术公司通过了另一种 Mdars-E 型室外警戒机器人的技术可

Mdars-E 型室外保安机器人

行性实验。该机器人可以识别并绕开障碍物，通过装备的立体摄像机、红外摄像机以及多普勒雷达等进行警戒巡逻。Mdars-E 在值勤时可以自主进行监视巡逻，发现有入侵者或者异常情况时，视频链路自动启动，值勤人员可以通过无线网络在远处观察情况或者与入侵者对话。Mdars-E 型室外警戒机器人主要用户是美国国防部的后勤局以及陆军器材司令部的各个供应及维修部门，主要用于物资仓库、兵工厂、储油区、机场、铁路枢纽以及港口等地的室外巡逻。

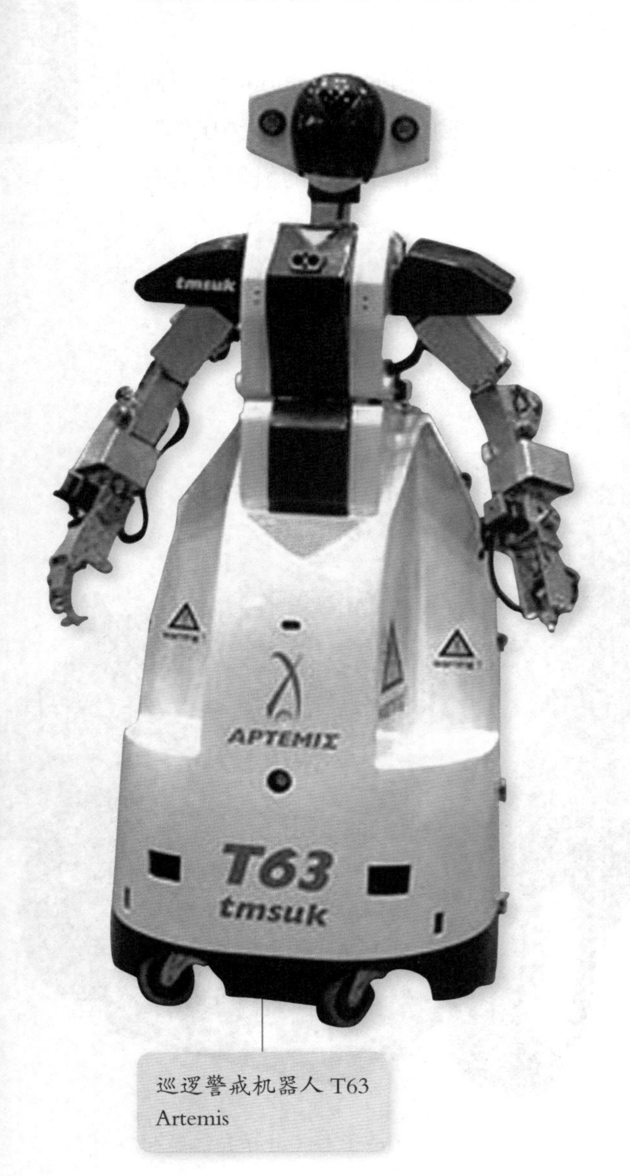

巡逻警戒机器人 T63 Artemis

2004 年在日本东京 BigSite 召开的安全防务展览上，日本 TMSUK 公司展示了其最新的巡逻警戒机器人 T63 Artemis。该机器人长 82cm，宽 66cm，高 157cm，重约 100kg，最高巡逻速度为 7km/h。它通过装备的火焰传感器和生物传感器对火灾或者入侵者进行报警。此外，对于入侵者，机器人还可以发射记号颜料球或者喷射遮断入侵者视线的气雾。控制人员可以通过机器人搭载的摄像头观察现场情况并通过无线网络进行遥控操作。

日本日立公司正在研发一款类似电影《星球大战》中的 R2D2 的滑动行走警戒机器人，它可以四处巡逻，通过红外感应器来感应周围情况，并通过摄像机侦察可疑包裹和入侵人员。

战场物资运输机器人

兵法上讲“兵马未动，粮草先行”，无论是在古代战争还是现代战争中，物资补给都和战争的结果息息相关。以阿富汗战争为例，自从战争爆发以来，美国及北约主要通过巴基斯坦向驻阿联军运送给养。据统计，驻阿部队大约70%的物资运输需要取道巴基斯坦，从巴基斯坦的港口卡拉奇经西北部开伯尔山口进入阿富汗境内的补给线相当于北约的“生命线”。但是这条补给线却频频遭袭，安全难以保障，补给车队经常成为武装分子伏击和路边炸弹袭击的目标。这一局面不仅导致驻阿部队军需物资保障困难，同时也给参与物资运输的人员带来极大危险。

为了改变战场物资运输的困境，美军计划开发一套无人物资补给系统，该系统包括无人运输机、机器人卡车以及特殊地形运输机器人等。

“黑鹰”无人直升机进行货物运输实验

2014年3月西科斯基公司和美国陆军在一个名为“有人/无人驾驶补给运输直升机”的项目中，应用一架可选有人/无人驾驶的“黑鹰”演示验证机进行无人货物运输任务试验，验证了地面操作人员控制直升机运输外吊货物的技术。西科斯基公司称无人直升机运输物资在避免路边简易爆炸装置危险的同时，其使用成本与使用卡车运输的费用相当。

由洛克希德·马丁公司开发小组研发的美军班组任务支援系统（Squad Mission Support System，SMSS）在经过美国陆军三个月的试用和评估后，已经于2012年正式装备美军驻阿部队，并且执行了作战任务。利用激光探测、测距系统和避障算法，车辆可以“知道”它周围的环境，可以自主伴随步兵前进，也可以自己行驶到指定地点，还能通过手持式触摸屏的遥控器对这辆车进行手动控制。

一说起战场物资运输，大家想必都会想起诸葛亮发明的“木牛流马”，在美国国防部高级项目研究署的资助下，今天波士顿动力公司用现代技术实现了我国古代这一发明的功能，专门为美军研究设计了“步兵班组支持系

美国战场无人运输车

“大狗”机器人

统”，即我们常说的“大狗”。“大狗”机器人酷似《星球大战》中帝国军队使用的“步行者”战车，身形与毛驴相当，主要用于帮助士兵携带现代战争中越来越重的作战物资。该机器人由汽油发动机提供动力，可以在负重181kg的情况下行走30km。“大狗”配备了先进的导航系统和平衡系统，能够攀越35° 的斜坡，可以跟随士兵在草木丛生地形中前进，甚至在崎岖地带作战。

随着机器人技术的快速发展，在可以预见的未来战场上，必将有越来越多的机器人来代替士兵执行各种任务。目前世界已在不知不觉中滑进了机器人军备竞赛时代；而研制出能够决定在什么时候以及向谁动用致命武力的机器人，也许就在今后十年。

| 第四章 |

未来战场
——唯一的限制是想象

16 军用机器人发展趋势

21世纪，高新技术迅猛发展，军事战场由机械时代转为信息化时代。随着各种无人作战平台的广泛应用，军事装备无人化成为战争形态的新趋势，各式各样的军用机器人逐渐走上战场，代替血肉之躯完成各项作战任务。

美国《21世纪战争技术》一文中认为："20世纪地面作战的核心武器是坦克；21世纪则可能是军用机器人。"现实的发展也印证了这一理论，随着机器人技术的飞速发展，越来越多的机器人走上战场，而机器人彻底代替人类走上战场似乎变成了一个时间问题。近些年各国相继开发出了用于各种作战任务的军用机器人，机器人这个新兴的战争机器逐渐成为了战场上的一大明星。

随着战场形态的转变与机器人技术的飞速发展，未来的军用机器人将有以下特点：为了具有更强的战场生存能力，军用机器人必然朝着隐形化、灵活化的方向发展；其次为了更好地适应信息化战场、提高作战效率，目前军用机器人已经在朝着察打一体化、智能化方向发展并取得了一定成果；为了满足未来战场空间一体化作战和多军种信息共享的需求，军用机器人必然向着多机型协同集群作战和网络一体化信息共享方向发展。

我们可以预见，科技的发展将使未来战场更加残酷。届时不仅普通士兵甚至连机器人也不可能在残酷的战场上做到"全身而退"。要想在战场上有较强的生存能力，就必须更加难以被发现以及在发现之后能够更加机动灵活地对攻击火力进行闪躲，这就对机器人的隐形能力和机动能力提出了更高的要求。隐形化技术及新型材料的发展，使军用机器人的战场生存能力变得更强。现在的隐形技术是通过在机体表面覆盖涂层实现的。对于未来，我们可以头脑风暴一下：应用透明的新型材料，或像变色龙一样通过改变自己的颜色适应外部环境等。当然，新型材料要比现在的材料性能更加出色，而先进的多传感器融合技术则为军用机器人主动感知环境变化并作出相应调整提供了可能。更加先进的驱动技术将使机器人拥有更加强悍的驱动能力，同时融入仿生学的结构设计让机器人更加灵活，机动能力更加出色。

信息化时代下的战场形势瞬息万变，及时有效的战场处理能力将使机器人变得更有作战效率，这就要求机器人具有察打一体的能力和智能化的自主决策能力。目前的军用机器人主要以侦察和打击为主，由后方指挥站控制，不具备自我敌我识别能力，在执行任务时存在一定的时延，因此经常导致机器人侦察到敌方目标后攻击不及时，进而导致目标丢失。随着机器人技术的不断成熟和进步，军用机器人察打一体化和智能化趋势愈发明显。这里所谓的智能化是指像人类一样，不仅可以收集周围环境的信息，准确识别目标，并对目标进行实时监测，快速分清敌我，还可以根据收集的信息进行决策，对意外情况妥善处理，是自主意识的加入。

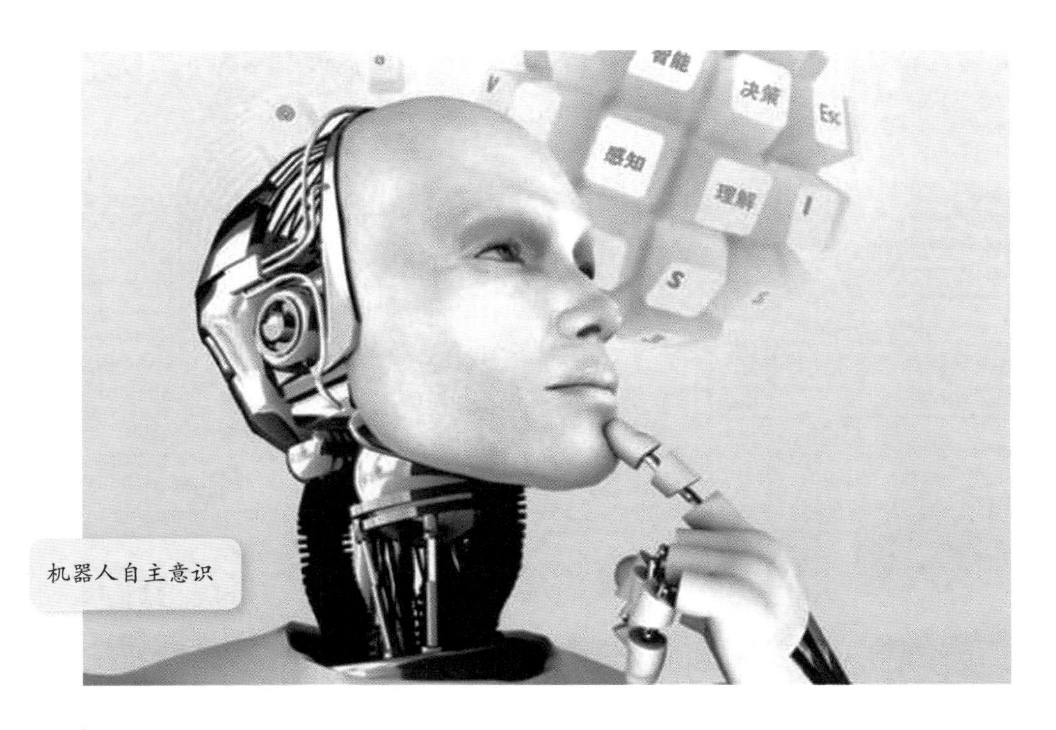

机器人自主意识

信息化战场不是单打独斗，任何单一兵种都不可能主宰整个战场。陆、空、海、天一体化联合协同作战是信息化战场取胜的关键，通过网络信息系统的连接，在空间上实现信息的高效传输、处理、存储、分发与实时共享，有效缩短作战时间，使作战效能大大提高。联合作战中，陆军、空军、海军、天军在信息网络系统、指挥信息系统和综合保障系统等支撑下，独立或在其他军种的支援配合下完成作战任务，形成功能互补、紧密联系的作战体系。在现代战争中没有一种武器可以做到克敌制胜，撒手锏从来都是人，因此军用机器人必须融入军队信息网络体系，与人实时信息共享，使人类更加有效地对机器人进行控制，更好地指挥作战。

集群化网络化作战

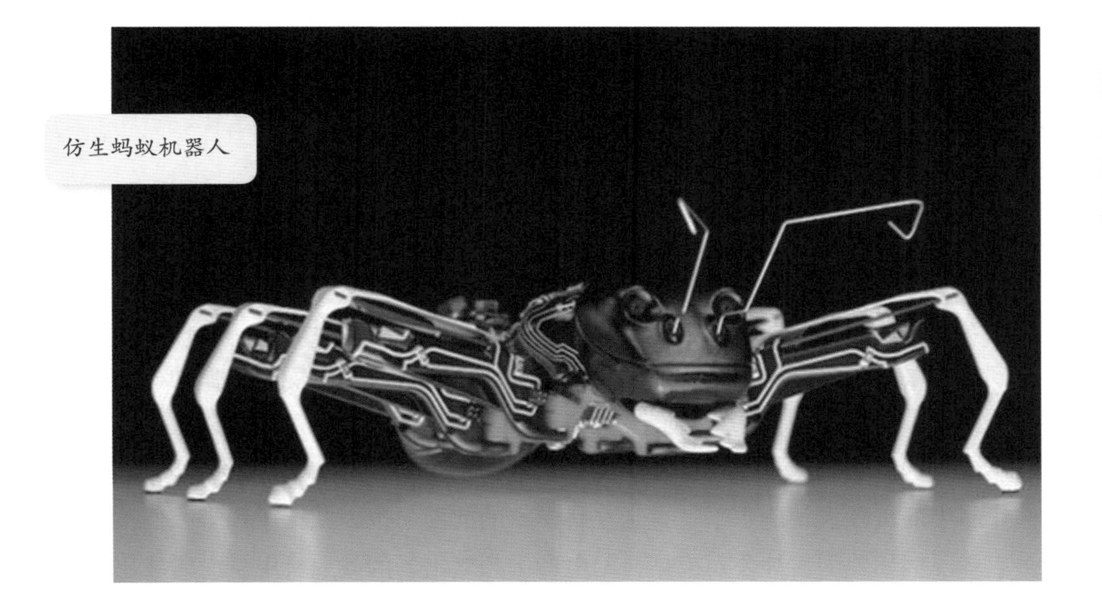

仿生蚂蚁机器人

海湾战争是现代化战争的经典案例，在这场战争中以美国为首的多国部队，将大量高科技武器投入实战，实施协调一致的多国、多方向、空中、海上和地面攻击。首先以强大的电子战摧毁伊拉克政府军的电磁设施，并对伊实施持续空袭，夺取制空权。随后，展开地面进攻。美第七军和第十八空降军，在海、空军支援下，经短短的100小时地面作战，取得战争胜利。由此可知，联合作战、信息共享在未来战场中的地位愈加重要，只有多兵种形成一体化作战体系，才能夺取战争的胜利。

仿生学研究是近些年来机器人研究的一项重要内容，也是未来军用机器人研究的一个发展方向，尤其对于侦察机器人而言。读者们可以想象一下，未来某一天，你的生活习惯不知何时被人了如指掌，或者你手中的秘密不胫而走，是不是很可怕的事？如果换做国家军事机密被敌人探知，后果不堪设想，而罪魁祸首竟只是不经意间飞到你的窗前的“小鸟”或者在地上爬行的“蚂蚁”。毫不夸张地说，未来你身边存在的任何微小生物都有可能是用于执行军事任务的机器人！

17 无人战斗——人工智能时代

WURENZHANDOU

随着科技的发展，机器人必将成为未来战场上的主要参战力量，如此可以将战争中人员损失降到最低，甚至根本就不用人出战。我们可以预见到，未来战场将会越来越不适于人类去征战，和在危险环境下工作的机器人一样，未来战场的机器人将会发挥我们难以想象的巨大作用。可以说，科幻小说家们由于思想未被现有科学技术禁锢以及受其自身艺术性的影响，他们作品中的机器人智能水平一直走在科学家的前面，也因此给了科学家们很多启示。例如美国雷神公司根据科幻电影中频繁出场的载人机甲从而研发出军用外骨骼装备，穿上这套机械外骨骼，士兵的能力将大幅强化，可以完成上千次俯卧撑，轻而易举地举起 90kg 的物体，单手劈开 3 英寸厚的木板。

当然，外骨骼还离不开人，不能作为军用机器人的终极发展目标，具有自主决策能力可以独自走上战场执行任务的人工智能机器人才是军用机器人

军用外骨骼

的未来。人工智能技术发展的前提，也是最重要的一点，就是人类要掌握对于战斗机器人的绝对控制权，否则后果不堪设想。

我们虽然还不能确切地描绘出未来战场的情形，但随着技术的发展，武器威力的提升，未来普通士兵想在危险的战场生存的可能性大大降低了。因此要用机器人代替士兵冲锋，吸引火力，甚至用它们来消灭敌人。说到战场机器人，还有什么比浩浩荡荡的地面钢铁军团更令人热血沸腾！它们不知疼痛，不知疲倦，火力强大，可以无所畏惧地冲向敌人，威力更不必多说。加入人工智能的地面机器人军团则更加可怕了，它们在保留了强大威力的基础上，可以和侦察机器人配合，在正确分析现场情况的基础上，对敌人实行更精准的打击。

现在的地面作战机器主要形式是移动的作战平台，根据装载的武器不同，其威力可大可小。典型的有“锐爪”“利剑”“角斗士”等，很多国家都在研发该类型的机器人，作战平台多为履带式或轮式结构，自然不像人类那样行动灵活，且其行动依靠人类的指令或固定的程序指令，因此，还不能算作严格意义上的智能机器人。相信看过《终结者》的人都忘不了机器人毁灭世界的场景，T800、T1000等机器人智能水平已达到接近人类的程度。当然，以目前的科技水

未来科技概念战斗机器人

平制造电影中那样级别的智能化机器人还有些触不可及，但在科技飞速发展的今天谁又能说这是不可实现的呢？仅仅十几年前，谁能想到“大狗”机器人这种靠四肢而不是轮子或履带的机器人竟然能投入使用？日本的ASIMO人形机器人，可以说在世界上也是领先的，它不仅可以和人握手、上下台阶，甚至可以随音乐“跳舞”，其众多的防人动作使人们大为吃惊。也许用不了多久，类似于《终结者》中的人形战斗机器人可能就会出现在需要它们的地方，所向披靡。

相比地面机器人，空中部队更能使敌方恐惧，其攻击范围更广，打击速度更快，威力则更令人胆寒。从历史中我们可以看到空军的重要性，日本长崎、广岛的两颗原子弹，珍珠港的偷袭，都是拜空军所赐。卫星和无人战机的出现，给战争带来了新的发展——“空天一体战”。未来战争，谁得到了太空，谁就占领了地球的制高点；谁占领了制高点，谁就能取得战争的主动权。“空天一体化”作战规模已经远超之前飞机大战的水平，“空天一体战”凭借高位优势，居高临下，视野更广阔，甚至可以越过敌方外围防御体系，小则达到远距离击中目标，大则实现完全消灭。空天母舰或许会比航天母舰发挥更大的作用，战斗力更强，成为未来战场不可缺失的角色。空天母舰可

空天一体战

空天母舰

以搭载不同的空中飞行器，在飞行的过程中释放无人机，进行侦察，瞄准目标射击，还可以为飞行器提供降落平台，回收完成作战任务的飞行器，为其进行后勤补给等，以便再次投入作战任务。

无人战机虽然在近些年得到长足的发展，可是受技术限制，还不能取代传统战机，其执行任务的复杂程度还远远达不到非无人机的水平。从“蜂鸟”无人机的先进侦察系统，到“神经元”无人机的携带武器试飞，无人机的攻击性得到很大的提高。卫星的使用，使得飞机的轰炸方式由覆盖性的“狂轰滥炸”变为精确的“定点攻击”，威力自然更大。现在卫星的定位精度已经可以做到1m之内，这对于被轰炸的对象来说是致命的。战时，定位卫星就像“天眼”一样，让敌人无处可藏。

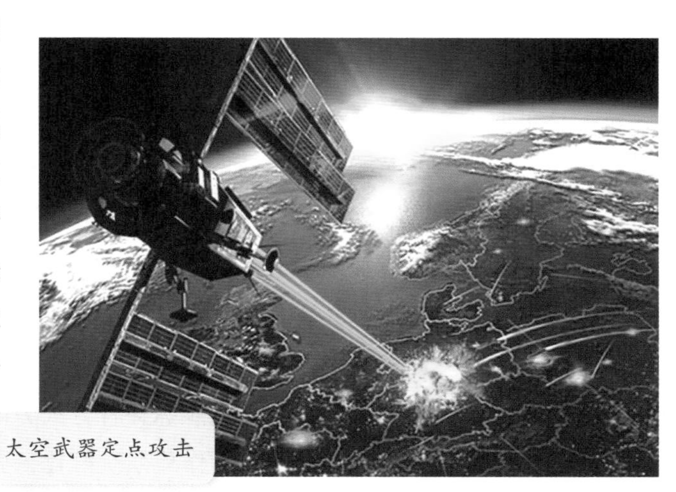
太空武器定点攻击

无人潜艇

海军在战争中有着自己不可替代的地位，有无航空母舰是一个国家军事实力的重要体现。海洋的面积比陆地要大得多，且利用海岸登陆作战要比伞兵规模大很多，海上舰船的运输承载能力是惊人的。无人潜艇作为海军的一员，也在近些年得到大力发展。

英国在前些年试航名为“塔里斯曼 L”的无人潜艇，其外形酷似跑车，仅重 50kg，可在水下连续工作 12h。虽然它具有民用色彩，但从其配备的声呐系统及高度的机动性，还是能看出军事价值。“塔里斯曼 L”可进行水下排雷、商船护航等任务。未来的无人潜艇将以智能化为发展趋势，不仅可以排雷、侦察，在必要时，甚至可以配合母舰进行攻击，提高舰队的作战能力。我国的无人潜艇研究也处在世界先进水平，无人潜艇的发展将带给海洋军事格局带来新的变化。

各种军用机器人的发展使未来战场的无人作战模式变为可能，但无人作战并不是机器人的简单堆砌，而是机器人的合作。在整个无人作战系统中，信息共享显得尤为重要，关系到整个战局的走向。“1 加 1 大于 2”的道理不仅在人的身上适用，同样也适用于机器人。试想，若战场情报共享遭到破坏，则侦察机器人的情报传不出去，攻击机器人不知道敌军的位置坐标，地面军团也失去了冲锋方向，岂不成了任人宰割的“鱼肉”？弄不好，还会被利用，误伤了自己人。信息交流无障碍时，则陆海空天各个方面可以做到互补，在发挥各自最大作用的同时，也能弥补各方火力的空缺，做到全方位的打击和防守，另敌方无所遁形。无人作战系统好比一张巨大的火力网，覆盖了天空、地面和海洋，若少了作为火力网接头的信息共享部分，网便化为乌有，威力瞬间变得零散。

为了解决以上所述的军用机器人存在的若干问题，在军用机器人领域引入人工智能技术成为改变未来战争模式的发展趋势。未来战场上最重要的情报是信息。在这个信息决定命运的时代，信息的攻守尤为重要。“知己知彼，百战不殆”，各种军用机器人必定会在未来战场上大显身手。其次是协同作战的理念。我们基于所掌握的情报制定战斗策略，而策略的执行则需要各兵种协同作战，这时各种战斗机器人悉数登场，战争要出奇兵制胜，全方位的对敌打击可使其难以应对，防守出现漏洞。最后，针对漏洞，全力出击，毕其功于一役。若能如此，那统一的指挥和及时跟进的后勤系统将是胜利的保障。当然，这只是一种设想，真实的战争远比这残酷得多。

战场的情况是瞬息万变的，预先固定的行动模式会使机器人很难适应战场环境的变化。比如交战中突然闯入平民，固定行动模式的机器人应对这类突发事件时，无法做到更好的应变处理。具有自主决策的人工智能机器人则不存在这种问题，当设定好使用武力准则、避免伤及己方，机器人可以完美地遵循交战原则，不攻击己方，这样就不会违背人道主义原则，甚至机器人可能会比人做得更好，很有可能机器人扛着敌方火力待在那里，直到满足所有准则再开火。机器人还可以运用先进的瞄准装置使其射击精度高于普通士兵，这是人类战士所不具备的“天赋”。

现在的军用机器人以遥控控制的方式为主，一切行动要根据人的控制来完成，这是相对安全和传统的方式，但也因此存在反应灵敏性不足的弊端。战场局势瞬息万变，以机器人获得的信息来进行判断并做出决定的实时性和准确性都还有待提高。随着人工智能技术的发展，军用机器人将朝着半自主甚至自主的方向发展，虽然在军用机器人上实现人工智能目前仍然存在大量技术难题和伦理问题，但是发展在人类控制下的人工智能不仅是军用机器人的要求，同时也是整个机器人领域的大势所趋。

18 畅想——终极之战

CHANGXIANG

2085年，中东局势风谲云诡，国际石油危机持续发酵，各国在该地区的利益博弈日益复杂。与此同时，海湾甲国凭借自己的地理优势以及多年良好的发展环境，逐渐显示出中东霸主的趋势。海湾乙国内部各派冲突不断，矛盾和边界纠纷愈演愈烈，海湾局势逐渐失控，渐渐滑入战争的边缘。

由于各派争端，两国边境摩擦时有发生。某日，海湾甲国以保护其派系为由，对海湾乙国悍然发动军事进攻。由于战争爆发突然，海湾乙国仓促应战，再加上境内某派系民兵的协助，海湾甲国以迅雷不及掩耳之势迅速占领了海湾乙国南部重要城市，一举扼住了海湾乙国的石油命脉，失去石油运输通道的海湾乙国国内经济迅速崩溃，不久即被海湾甲国占领全境，海湾乙国政府被迫流亡沙特。由于两国战争的爆发，波斯湾安全局势恶化，全球石油产量剧减，全球经济遭遇严重威胁。至此，国际社会对海湾甲国的单方面军事行为进行谴责，联合国安理会以全票赞成的结果通过了谴责海湾甲国违反联合国宪章，要求其立即无条件撤军的第856号决议。此后联合国安理会先后通过了15个谴责和制裁海湾甲国的决议，这些决议使海湾甲国在政治、经济、军事和外交方面处于几乎孤立的地位。两个月后，安理会通过的880号决议规定了海湾甲国撤军的最后期限，在最后期限到来之前海湾甲国如不撤军，决议授权联合国会员国可以使用“一切必要手段”来执行联合国通过的各项决议。

海湾甲国国内由于战事的节节胜利所引起的狂热早已掩盖了国际社会的谴责，面对巨大的石油利益，一方面，甲国政府错误判断了国际社会进行武力干预的决心；另一方面，海湾甲国发动大量战争动员，在霍尔木兹海峡的咽喉——阿巴斯港屯以重兵，以彻底封锁霍尔木兹海峡威胁国际社会。撤军

机器人装甲部队作战

截止期限到来后，海湾甲国并没有如期撤兵，由联合国授权的多国部队对甲乙两国战争的国际武力干涉正式拉开序幕。

在意识到联合国军正式进行武力干涉之后，海湾甲国当局反应激烈，并向国际社会公布将彻底封锁霍尔木兹海峡，在波斯湾和沿岸四处布设各式各样的水雷地雷和岸防机器人，海湾乙国边境由于历史原因本身就存在诸多地雷等爆炸物，海湾甲国又先后在边境各地部署了新锐的无人守卫平台。为了迅速打通进军通道，多国部队也相应派出了机器人作战部队。

战事第一阶段，联军派出大量的无人机对海湾乙国国内的战争局势进行侦察，派出的无人机主要包括美国的 RQ-4 即第四代“全球鹰”以及中国的“翔龙 V”。与此同时，由于受到波斯湾沿岸的水雷封锁，联军特混舰队一时迟滞在外围。为了解决波斯湾内的水雷威胁，联军率先派出了各种无人作战飞机开进战场进行海岸清除行动，48h 内联军战机起飞 1500 架次，对波斯湾沿岸进行了五轮重点轰炸。在卫星系统和水下侦察机器人“龙虾”的引导下，联军发射多枚导弹，全歼海湾甲国驻波斯湾海军舰艇部队并歼灭海湾甲国驻波斯湾大部分有生力量。轰炸过后，为了保障后续的沿岸安全、肃清沿岸海湾甲国方面的无人警卫平台，联军空投了多支由“Atlas Ⅳ”指挥机器人指挥的包括侦察、攻击、警卫多种机器人的地面机器人分队。同时，为了保障波斯湾内航行安全，联军派出了携带多型排雷机器人的无人水上舰艇及水下潜水器。历时一周，在付出十余艘无人扫雷舰的情况下，联军基本肃清了波斯湾内的水雷，特混舰队进入波斯湾。

联军舰队开入波斯湾后，战事进入第二阶段，战事重点转入地面反攻阶段。联军分别在周边国家的军事基地起飞多架次轰炸机、歼击机，对甲国境内的空军基地进行多次饱和式轰炸，完全夺取制空权，同时发射反卫星导弹摧毁全部海湾甲国军事卫星。在夺取制空权后，出动多批次大量的无人直升机对部署在海湾乙国的海湾甲国革命卫队进行攻击，进而掩护大量的“RC8”和“灵蜥-10”排爆机器人以及多辆无人履带扫雷车对边境展开地毯式搜索排爆，为地面部队开入海湾乙国境内做准备。历时半个多月，付出多辆扫雷车以及排爆机器人代价之后，联军最终成功打通一条陆上通道。在这过程中，联军无人机多次与海湾甲国武装直升机发生交火，但是最终战损比达到了惊人的1∶20，联军在付出极小代价下即开入海湾乙国境内。

联军在全面进入海湾乙国境内后，开始与海湾甲国南部登陆部队形成对海湾甲国的南北合围之势。战事大局已定，在历时一个多月的联合国武力干涉后，海湾甲国最终接受了联合国安理会要求其立即投降的890号决议，并且彻底撤出海湾乙国占领区，同时宣布全国接受联合国军的托管，至此，历时半年多的战争彻底结束。这是第一次交战双方都投入大量战斗机器人的战争，然而实战检验，海湾甲国落后的战场机器人在联合国多国部队先进的战场机器人面前根本难以抵抗，除15名士兵因被爆炸袭击丧生之外，联合国军在正面交战中实现了零伤亡。

这是一场必将载入史册的战争，也是一场具有跨时代意义的机器人战争，第一次将反卫星武器投入实战，第一次在实战中运用大量的无人装备，第一次由机器人指挥机器人小队参加战斗。战争中，联军出动各型无人攻击机、侦察机、加油机、直升机共计8000余架次，出动各型无人地面战车

3500余辆，包括指挥、侦察、攻击、预警等在内的地面作战机器人共计6000余台，各种无人舰艇以及无人水下潜航器1500余艘，第一次实现参战部队零伤亡。

机器人战士

这次战争显示出战场机器人的巨大威力，标志着机器人战争作为战争模式的一种登上了世界军事舞台。各型战场机器人的使用，使世界各国的作战思想、作战方法、指挥方式以及作战部队组织结构发生了重大变化，对海湾战争以来的战争观念形成强烈震撼，也使世界各国对信息化战争有了全新的颠覆性认识。这场战争，可谓是21世纪的终极之战，标志着无人作战时代的到来，也引起了向机器人战争转变的世界性军事革命。

| 第五章 |

机器人研究背后那些事儿

近几十年来，机器人技术飞速发展，越来越多的机器人走进社会生产和生活中。同时，由于机器人独一无二的特点，用机器人代替士兵执行任务成为了世界各国的热点研究课题。2001 年“9·11 事件”中，美国投入了多型号救援机器人用于人员搜救，第一次将机器人在军队的使用带进公众视野。从此以后，人们不断看到用于执行各种军事任务的新型机器人诞生并且投入实战检验。机器人作战成为了各军事强国的未来发展趋势，为了维持区域和平与稳定，我国也在积极研制各种军用及警用机器人，作为反恐斗争的重要装备。在研制机器人之前，为了摸清我国特种机器人的底数，科研团队首先在公安、武警部队展开调研，组织测评国内现有的机器人以了解国内发展状况。在测试过程中，根据机器人的特点和所对应的领域，采用“反恐排爆机器人测试评估系统”进行评估，设置沙地、水池、草地、沙石路、坡度等不同场地，在国内现有的最具权威机构——航天部第一研究院，由中国科学院院士、专家和相关人员依靠客观数据打分，最后从中选出相对优秀的机器人进行进一步提升和完善。综合评估后选出两款排爆机器人——“灵蜥”系列和“京金吾”系列。通过这次精密调研和测试，我们摸清了底数，也瞄准了需求，由此拉开了系列特种机器人研究的序幕。在之后的时间里，我们团队历时十几个春秋，参与了一系列军用及警用机器人的研究。

排爆机器人

2000 年 11 月 26 日晚，我清楚地记得这样一个夜晚，那时我正在家中看新闻，突然一个紧急新闻插入，原来是湖北省武汉市江岸区胜利街附近的“上岛咖啡屋”内发现可疑爆炸物，由于险情严重，当地的“排爆英雄”毛建东毅然替下了另一名排爆手，自己带着工具小心地靠近炸弹。可当他伸出右手时，炸弹突然爆炸，“轰”的一声巨响，他右手手腕被炸断，殷殷的鲜血染红了防爆服，也使得身为军人的我心情颇为沉重。当时他们排爆组还没有排爆机器人，只能冒着生命完成危险的排爆作业。2008 年，我带着“863”课题组来到武汉拜访这位排爆英雄，断掉的右臂赫赫在目。在和他交流过程中，我们得知他当时排除的爆炸物由一台 BB 机遥控，在他接触爆炸物时，遥控端按了启动键。虽然已过去多年，但伤疤仍在，伤痛有增无减。在被英雄精神深深感动的同时，我下决心要更好地保护一线公安、武警人员。

在研究适时需求的排爆机器人过程中，我们又了解到一个案例。2010 年，一位女老板从银行取出 50 万元现金，犯罪分子在她的汽车离合器处放置了一个自制炸药包。接到报警后，武警公安人员立即展开行动，采用排爆机器人靠近汽车取出炸药包。可当机器人靠近汽车准备取出炸药包时，才发现由于炸药包放置的位置较深，机器人自由度不够，无法抓取炸药包，这时我们一位年轻的武警战士上前，从车内小心翼翼地取出炸药包，然后挂到机器人手臂上，机器人再缓缓移动，将炸药包放置到不远处的排爆罐中，这样才算是真正消除隐患。没想到的是，等机器人缓慢移步到排爆罐前，问题又来了，由于排爆罐过高，而机器人高度不够，炸药包无法放进排爆罐内。这时我们那位勇敢的武警战士冒着危险将炸药包从机器人手臂上取下来，再敛声屏气地放入排爆罐内，整个现场都一片肃静，大家都为这位武警战士捏着一把汗，如果炸药包稍微遇到碰撞，他将献出年轻生命。万幸，他平安回来了。虽然因此立了功，但还是心有余悸，这次我们能侥幸安全排除爆炸，但下次呢？下下次呢？难道每次都要让我们的武警战士冒着生命危险去工作吗？他们因为心中的信仰与责任才无所畏惧，但这样无谓的牺牲是不是可以减少呢？是不是还有更好的办法来解除危险呢？这样的问题一直萦绕在我的脑际。

带着这样的问题，我们科研团队开始夜以继日地刻苦攻关。首先，为了能让机器人“长高”，我们把之前由履带驱动稳定前进的机器人改装成轮履结合，这样使它在长高的同时也能稳定前进。然后，改善机器人的自由度，让它的活动范围更大。经过数年研究，我们终于成功攻关自由度和高度的难题，研发出“灵蜥”系列反恐防爆机器人。这款机器人具有极强的地面适应能力和多种探测及作业功能，可以满足应对突发事件之急需，功能与性能方面也已经达到国际同类产品的先进水平。

侦察机器人

美军的一款侦察机器人重量为35kg，而我国在野外反恐作战中有同样的需求，于是在国家863的技术厂里，我们准备按美军标准研究出重量小于35kg，并保证时速、通过性、可靠性等综合性能都达标的机器人，这对我们无疑是个重大挑战。有压力就会有动力，我们团队通过与北京航空航天大学机械学院合作，成功研发了国内第一台实战侦察机器人。这款机器人主要应对室外野战侦察，在草地、水池、瓦砾等恶劣条件下都能高额完成任务，并能实现一米高度安全自由落地。

在研究室外侦察作战机器人的同时，我们也同步展开室内侦察机器人的研究，即抛投机器人的研究。它的外形类似于不倒翁，由室外抛投到室内开展侦察工作，这款机器人的研究难点在于要使机器人有自动避光功能，当投放至室内后，它能自动隐藏于暗处，这样才能于无声处掌握敌方的一举一动。这项研究在与北京理工大学合作攻关、兢兢业业一年之后，终于有了令人惊喜的结果——成功研发3米高度安全自由落地的抛投机器人。

这两款地面侦察机器人的成功研发给了我们极大的信心和鼓励，在国家的支持下，我们再接再厉，将高空机器人的研发提上日程，也就是爬壁机器人的研究。

前几年，我国曾花80余万人民币买进以色列的爬壁机器人来窥探室内恐怖分子的活动，但后来因为机器人坏掉，国内无法修理，而国外修理费过高，让我们有些左右为难。通过与哈尔滨工业大学的合作，我们成功研发多点同时出击反恐的爬壁机器人，这款机器人可以同时从门、窗等各个角度展开探测和拆砖，并且相比于国际水平，它适应的地面更广泛，可以爬水泥、砖块、玻璃等五种墙面，更让我们骄傲的是，它的爬壁噪音也低于国际水平，这让室内的恐怖分子难以察觉，大幅提高了探测成功的几率。

一次又一次的努力，让我们一点点成长，也让人民、国家的安全又多了一层保护。机器人不光是我们大多数人所理解的生活中的小帮手，也是我们整个国家生命、民族生命的保卫者。

狙击机器人

在面对敌我双方谈判胶着不下的情况时，我们努力争取以和平的方式化解危机，但同时也要做好最坏的打算，即恐怖分子顽强抵抗甚至伤害人质时，我们在狙击范围内安排狙击手，关键时刻，一招制敌。但由于谈判时间过长或是恐怖分子移动范围过大，有时会导致狙击手的注意力不能高度集中，易在最后制服恐怖分子时出现小纰漏。为了将误差减到最小，狙击机器人就此诞生。它是一款可以替代狙击手瞄准恐怖分子的机器人，将狙击枪放在它上面，可以时刻且精准地把恐怖分子锁定在射击中心。在接受命令后，准确快速地射击，使恐怖分子无处可逃。

救援机器人

回顾一下 1986 年苏联切尔诺贝利核电站核泄露事件：事件发生后，10 万官兵置身一线，一锹一锹地填土掩埋。这次事故直接死亡人数达 9.3 万，其中约有 1 万是当时奋战一线的士兵，致癌人数达 27 万，经济损失 180 亿卢布（约 22 亿人民币）。时隔近 30 年，当年核泄漏的危害依旧存在。

如果觉得这次事件有些久远，那么 2011 年日本福岛核电站泄露事件应该是历历在目，当时福岛 50 死士的精神感动日本全国，他们用自己的身体筑起保护福岛核电站的最后一道屏障。这批勇士分批进出受损厂房，展开替过热的反应炉灌注海水、监控状况、清理爆炸、起火后留下的残骸等工作。每个人都希望奇迹的发生，但现实是残酷的，这 50 人在不久后都先后死去。

除去这样人祸的威胁，天灾也常常让我们措手不及。唐山大地震是我们无法忘却的伤痛，汶川地震更是让我们心痛不已。2008 年汶川地震时，我国租用俄罗斯的直升机将重达 20 吨的机器人运往灾区展开救援，虽然提高了救援效率，但其笨重的“身躯”总是行动不便，给救援也增添了一丝麻烦。面对危难，如何更好地解决问题、减少人员伤害，成了压在心上的一块石头。

随着汶川地震和舟曲泥石流等天灾、化工厂石油泄漏事件的发生，加之国内核电站逐年增多，开展救援机器人的研究也摆上议程。我和我的“863”团队们再接再厉，攻克多个难关，终于研发出一款重8吨的机器人，面对地震等灾害，它可以拖在卡车上，跟随部队前进；在遇到滑坡泥石流堵住道路时，它还能爬坡替部队开路；面对有毒气体、石油等危险化学品的泄漏时，我们可以远距离遥控其挖土进行掩埋，它一次的铲土量大约有 $0.3m^3$ 且能一天24h无间歇工作。试想如果当年的切尔诺贝利事件和日本福岛事件发生时，能用机器人代替士兵们去一线作业，那么那1万士兵和50死士是不是可以幸免于难？答案是肯定的。这就是我们殚精竭虑的目的，面对我国日益增多的核能运用，未雨绸缪是必需的。

在同清华大学、河北工业大学、徐工集团等单位的密切合作协调下，我们团队提出的灾害现场救援机器人终于研制成功。2013年4月20日，四川雅安地震后，沈阳自动化所科研人员迅速反应，组成临时搜救队随同机器人急赴灾区开展救援工作，在地震废墟中找寻生命。事实证明，在救援机器人的帮助下，我们的救援行动提高了许多。

灾害现场地面侦察机器人、8吨级的多功能作业机器人和手机定位搜救系统，这一项目于2015年通过专家验收，有望在今后的灾害救援中发挥更好作用。

多年的机器人参研经历使我对机器人领域有了更深入的了解，这是一个充满朝气的领域。21世纪是高新技术迅速发展的时期，从较早期只能执行简单程序、重复简单工作的工业机器人，发展到如今装载智能程序、有较强智能表现的智能机器人以及正在努力研制的具备犹如人类复杂意识般的意识化机器人，机器人技术正在不断地发展，制造工艺的各项性能水平也在不断地提升。此外，世界军工强国对无人作战平台和机器人的研究可谓明争暗斗，将来，我们也许可以看到大量的与美国科幻大片《终结者》中的机器类似具有极致完美的人类外表的机器人出现在我们生活的各个领域。

图片来源

P2　左图（http://baike.baidu.com/picture/2788/5044723/0/b25d99010f49d6ef267fb559.html?fr=lemma&ct=single#aid=0&pic=b25d99010f49d6ef267fb559）
右图（http://baike.baidu.com/picture/2788/5044723/1806327/2cb4fefe615f307c5d60086d.html?fr=lemma&ct=cover#aid=0&pic=0d7299440e4a4b75500ffe49）

P3（上）　左图（http://baike.baidu.com/picture/7645585/7598423/0/ac6eddc451da81cb57dad3c55466d016092431fd.html?fr=lemma&ct=single#aid=0&pic=ac6eddc451da81cb57dad3c55466d016092431fd）
右图（http://baike.baidu.com/picture/353312/7371338/14991726/0e655ca7abbaaad9d0435872.html?fr=lemma&ct=cover#aid=0&pic=2934349b033b5bb5a8c1e6e634d3d539b600bc90）

P3（下）　左图（http://baike.baidu.com/picture/34430/8026970/0/342ac65c103853434db518089113b07eca8088a5.html?fr=lemma&ct=single#aid=0&pic=faf2b2119313b07ebd038f8509d7912396dd8c85）
右图（http://baike.baidu.com/picture/475009/16835788/0/48540923dd54564efe44e04cb5de9c82d1584fa5.html?fr=lemma&ct=single#aid=0&pic=9f2f070828381f306c8b295bad014c086f06f0b6）

P4　左图（http://baike.baidu.com/picture/6022/11251386/0/c83d70cf3bc79f3d36863f94bfa1cd11728b292b.html?fr=lemma&ct=single#aid=326589&pic=0b3a1c08f4bc75b162d9868e）
右图（http://baike.baidu.com/picture/6378609/6479827/0/80cb39dbb6fd526659995916a818972bd4073605.html?fr=lemma&ct=single#aid=0&pic=b999a9014c086e06d642599903087bf40bd1cb7e）

P6　左图（http://www.huitu.com/photo/show/20140107/135730621200.html）
右图（http://zjrb.zjol.com.cn/html/2006-04/30/content_79571.htm）

P8　左图（http://www.zuojiaju.com/forum.php?mod=viewthread&tid=309067&ordertype=1&threads=thread）
右图（http://www.lieqie001.com/weijiezhimi/2015/3713.shtml）

P9　左图（http://blog.sina.com.cn/s/blog_89cdcd1f0101go9v.html）
右图（http://www.chinabright.com.cn/mzone/m26/tansuo_02.htm）

P11　（http://www.cnr.cn/military/zbtj/200803/t20080319_5047399）

P13　左图（http://military.cntv.cn/2014/03/26/ARTI1395793373949677.shtml）
右图（http://j.news.163.com/docs/99/2014091807/A6DKFKEU9001FKEV.html）

P15　左图（http://blog.sina.com.cn/s/blog_4bfc1b57010009i6.html）
右图（http://www.defenseindustrydaily.com/denmark-to-invest-in-saabs-double-eagle-uuv-02693/#

P19　左图（http://product.ch.gongchang.com/pic/32951644.html）
中图（http://www.recce-robotics.com/index-4.html#DeltaMicro）
右图（http://baike.baidu.com/picture/262606/262606/0/3bb2248750f7a516c75cc341.html?fr=lemma&ct=single#aid=0&pic=b0742dfa893e3622a9d31156）

P22　（http://news.qq.com/a/20121220/001698.htm）

P27 （http://news.163.com/11/0830/08/7CMN576V00014JB5.html）
P29 （http://auto.163.com/14/0608/00/9U66G41300084TUO.html）
P30 （http://mil.news.sina.com.cn/p/2008-08-07/1023515343.html）
P32 （http://roll.sohu.com/20120110/n331710379.shtml）
P33 （http://www.cnbeta.com/articles/179816.htm）
P34 （http://robot.ofweek.com/2015-07/ART-8321204-8220-28983427.html）
P35（左）（http://www.china.com.cn/military/txt/2008-06/30/content_15911130.htm）
P35（右）（http://www.81tech.com/news/junyong-jiqiren/42501.html）
P36（上）（http://www.recce-robotics.com/index-4.html#Adf）
P36（下）（http://www.recce-robotics.com/index-4.html#DeltaMicro）
P37 （http://jandan.net/2013/05/23/rhex_leaping.html）
P38 （http://jandan.net/2013/10/06/wildcat.html）
P40（上）（http://pic.tiexue.net/bbs_6719197_9.html）
P40（下左）（Mahmoud Tavakoli,Carlos Viegas ,Lino Marques,J. Norberto Pires,Anbal T. de Almeida. OmniClimbers: Omni-directional Magnetic wheeled Climbing Robots for Inspection of Ferromagnetic Structures［J］. Robotics and Autonomous Systems,61（9）: 997-1007.）
P40（下右）（http://www.gmw.cn/01gmrb/2007-04/09/content_586708.htm）
P41 （http://tech.feng.com/2014-01-10/New_vertical_climbing_robot_can_climb_up_the_smooth_surface_573505.shtml）
P42 （Menon C, Murphy M, Sitti M. Gecko Inspired Surface Climbing Robots[C]// Robotics and Biomimetics, 2004. ROBIO 2004. IEEE International Conference onIEEE, 2004:431-436.）
P43 （http://tech.ifeng.com/discovery/detail_2014_01/06/32753854_0.shtml）
P44 （http://www.china.com.cn/military/txt/2011-05/27/content_22658620_8.htm）
P46 （http://www.china.com.cn/military/2012-12/11/content_27378835.htm）
P48 （http://www.nipic.com/show/4790392.html）
P50 （http://mil.news.sina.com.cn/2006-03-01/0557354147.html）
P51 （http://www.armsky.com/yuanchuangzhuangao/israeliweapons/israeliUAV/200512/3123.html）
P53 （http://mil.huanqiu.com/photo_china/2013-01/2679979.html）
P54 （http://blog.sina.com.cn/s/blog_56bf65670100blmz.html）
P55 （http://gaowq.blog.sohu.com/65658776.html）
P56 （http://mil.huanqiu.com/china/2012-11/3241937.html）
P57 （http://news.carnoc.com/list/300/300059.html）
P58 （http://gaowq.blog.sohu.com/65658776.html）
P59 （http://gaowq.blog.sohu.com/65658776.html）
P60 （http://news.163.com/2004w03/12488/2004w03_1078976530360.html）
P61 （http://www.81tech.com/news/shijiechuanbogongye/89208.html）
P62 （http://www.chinadaily.com.cn/gb/doc/2003-12/09/content_288497.htm）
P63 （http://slide.mil.news.sina.com.cn/slide_8_31814_15585.html#p=4）
P64 （http://epaper.taihainet.com/html/20130906/hxdb464832.html）
P65 （http://informationtimes.dayoo.com/gb/content/2005-06/05/content_2082521.htm）
P66 （http://weapon.huanqiu.com/microstar）
P67（1）（http://news.hbtv.com.cn/2013/1223/649376_13.shtml）
P67（2）（http://yndaily.yunnan.cn/html/2011-07/13/content_394258.htm）
P67（3）（http://blog.sina.com.cn/s/blog_5031cd7e0100ee4z.html）

P67（4）（http://tech.sina.com.cn/d/2012-06-21/08217296021.shtml）
P69（http://news.ikanchai.com/2015/0823/33407.shtml）
P70（上）（http://mt.sohu.com/20150418/n411462786.shtml）
P70（下）（http://www.qiqufaxian.cn/post/4833.html）
P71（http://baike.baidu.com/picture/2958565/2958565/0/cebd0017c5be273f4a90a7d8.html?fr=lemma&ct=single#aid=0&pic=cebd0017c5be273f4a90a7d8）
P73（上）（http://news.qq.com/a/20080513/003485.htm）
P70（下）（http://video.sznews.com/content/2006-08/20/content_268854.htm）
P74（1）（http://www.81.net/hangkongdongtai/0R32C112013_2.html）
P74（2）（http://www.yoka.com/dna/d/32/188.html）
P74（3）（http://news.sohu.com/20090504/n263762948.shtml）
P75（http://pic.tiexue.net/bbs_6883002_1.html）
P76（http://www.jpgcs.com/post/2009/05/03/TALONe7b3bbe58897e5869be794a8e69cbae599a8e4baba.aspx）
P78（http://roll.sohu.com/20121031/n356232662.shtml）
P79（http://mil.eastday.com/eastday/mil/node3042/node28525/userobject1ai427855.html）
P80（http://mil.qianlong.com/37076/2009/07/10/2500@5073463.htm）
P81（http://bbs.tiexue.net/post2_3771939_1.html）
P82（http://club.autohome.com.cn/bbs/thread-o-200205-32706924-1.html）
P83（http://lt.cjdby.net/thread-1834365-1-1.html）
P84（http://mil.news.sina.com.cn/2014-12-02/1512813827.html）
P85（http://news.takungpao.com.hk/paper/q/2014/1114/2824532.html）
P87（http://news.xinhuanet.com/mil/2011-06/01/c_121480478.htm）
P88（http://military.china.com.cn/2014-04/08/content_32026654_4.htm）
P89（上）（http://news.163.com/07/1008/09/3Q99KIFG00011232.html）
P89（下）（http://photos.caixin.com/2013-07-11/100554492_3.html#picture）
P91（http://book.jrj.com.cn/2012/12/31124514890520.shtml）
P92（http://news.qq.com/a/20150317/052314.htm）
P94（http://blog.sina.com.cn/s/blog_7d43ee4a0102ves1.html）
P95（http://www.chinadaily.com.cn/hqgj/jryw/2013-05-16/content_9048521.html）
P96（http://roll.sohu.com/20120110/n331710379.shtml）
P97（上）（http://ccwb.yunnan.cn/html/2013-05/19/content_705316.htm?div=-1）
P97（下）（http://www.takefoto.cn/viewnews-272946.html）
P100（http://news.sohu.com/20100701/n273202065.shtml）
P101（http://tech.qq.com/a/20101103/000321_1.htm）
P102（http://news.qq.com/a/20080319/002508.htm）
P103（上）（http://www.chinanews.com/mil/2014/04-23/6097785.shtml）
P103（下）（http://www.qiewo.com/html/20131126/100648.html）
P104（http://www.de-tect.net/product/html/?106.html）
P105（上）（http://www.jydoc.com/article/133595.html）
P105（下）（http://www.kepu.net.cn/gb/technology/robot/army/arm201.html）
P106（http://b2b.c-ps.net/1877361_detail.html）
P107（http://ritchielink.com/ritchielink/product/paibao/2015-01-16/237.html）
P108（http://military.china.com/important/11132797/20140815/18711993_all.html）

P109（左）（http://www.xpartner.cn/20120601.php）
P109（右）（http://jwgk.diytrade.com/sdp/326496/2/pd-1373885.html）
P111 （http://www.cea-igp.ac.cn/piw/wwwroot/dizhen/dskp/bszjyckp/251457.shtml）
P112 （http://www.cea-igp.ac.cn/piw/wwwroot/dizhen/dskp/bszjyckp/251457.shtml）
P113（上）（赵润州，侍才洪，陈炜等．美军战场救援机器人系统研究进展［J］.《军事医学》，2013，37（4）:318）
P113（下）（http://www.robot360.cn/portal.php?mod=view&aid=63）
P114 （http://news.163.com/10/0304/10/60U66BGM00011MTO.html）
P115 （http://www.kepu.net.cn/gb/technology/robot/army/arm203_01b_pic.html）
P116 （http://travel.163.com/04/0527/15/0NDADPKK00061DPF.html）
P117 （http://mil.news.sina.com.cn/2015-03-05/1215823276.html）
P118 （http://www.chinadaily.com.cn/hqgj/jryw/2011-11-10/content_4325585_3.html）
P119 （http://cn.made-in-china.com/info/article-1409594.html）
P123 （http://blog.163.com/jhq_007/blog/static/25100336201210235141889/）
P124 （http://news.0513.org/html/44/n-101444.html）
P125 （http://www.robot-china.com/news/201503/30/18660.html ）
P126 （http://www.citygf.com/news/news_001032/201009/t20100930_783910.html）
P127 （http://www.16sucai.com/2014/08/47438.html）
P128 （http://epaper.syd.com.cn/syrb/html/2014-04/23/content_991995.htm）
P129（上）（http://news.hexun.com/2014-04-21/164106838.html）
P129（下）（http://news.hexun.com/2014-04-21/164106838.html）
P130 （http://news.163.com/09/0708/11/5DMR24G10001121M.html）
P133 （http://mil.news.sina.com.cn/2012-06-21/0607693649.html）
P135 （http://gs.cnr.cn/js/yw/200812/t20081209_505171556.html）